매일 즐겁게 실천할 수 있는
저·탄·건·지 키토식으로 가볍고 건강해지세요

레시피팩토리는 행복 레시피를
만드는 감성 공작소입니다.
레시피팩토리는 모호함으로 가득한
세상 속에서 당신의 작은 행복을 위한
간결한 레시피가 되겠습니다.

바쁜 당신도 지속 가능한
저·탄·건·지 키토식

키토식으로 되찾은 건강과 다이어트,
바빠도 매일 지속 가능한 키토식으로 지켜갑니다

저희 부부는 바쁜 맞벌이임에서도 4년째 함께 키토식을
이어가고 있어요. 키토식을 통해 둘 다 요요 없는 다이어트에
성공했고, 건강 관리도 해나가고 있지요. 키토식을 통해
저희의 달라지는 모습을 본 지인들에게 이것저것 알려주기
시작했고, 더 많은 분들과 정보를 공유하기 위해 뜻이 맞는
키토 친구들과 함께 팟캐스트와 유튜브(지방시 : 지방으로
행복해지는 시간)도 운영하게 되었어요. 이번에는
'오늘 당장 따라 할 키토 레시피'가 필요한 분들을 위해
실제 즐겨 해먹는 맛있고 실용적인 레시피들을 모아
요리책까지 출간하게 되었네요. 제가 이렇게 시간을
쪼개가며 활동을 이어가는 이유는 저희 부부에게는
키토식의 의미가 남다르기 때문이지요.

저희 부부가 키토식을 선택할 수밖에 없었던 이유
저는 모태 통통으로 평생 저칼로리 다이어트를 했지만
늘 요요에 시달렸어요. 남편은 중학생 때 2형 당뇨가 발병해

늘 식단 관리를 해야 했고요. 결혼해서도 식단 관리를 위해
노력했지만 남편은 당화혈색소의 수치가 떨어지지 않았고,
저 역시 거듭된 다이어트에 지쳐 있었어요.
제가 마지막으로 했던 방법이 호르몬 다이어트였는데요,
호르몬 주사를 맞으면서 탄수화물 및 정제당, 전분을 먹지
않는 다이어트였어요. 그래서 관련 식단과 레시피들을
찾다 보니 자연스럽게 키토식을 접하게 되었답니다.

전공이 면역학이고 직업이 제약회사 연구원이라 과학적
근거에 의심이 많아, 혼자 키토식 카페와 해외 사이트들을
돌아다니며 이론 공부만 3개월을 했어요. 확신이 서자
남편과 같이 '지방의 누명'이라는 다큐를 시청했습니다.
사실 오랫동안 당뇨를 관리했던 남편은 뭔가 바꾸는 것에
보수적이었지만 제 설명과 다큐멘터리를 보고 흔쾌히
새로운 시도를 받아들였고, 저희는 그다음 날부터
바로 키토식을 시작했어요.

그 결과, 배고픔, 스트레스 없이 2개월 만에 저는 6kg,
남편은 10kg을 감량했답니다. 당화혈색소도 8.3에서 6.1로
드라마틱하게 감소했어요. 다이어트 성공과 혈당 감소
효과를 모두 쟁취했기 때문에 키토식은 저희 부부에게 꼭
맞는 건강식이라 확신했고 지금까지도 유지하고 있지요.

키토 식단으로 바꾼 후 가장 많이 달라진 것들
무엇보다 배가 쏙 들어갔어요. 몸에 쌓였던 지방을
태우도록 만드는 식단이기 때문에 불필요한 내장지방이
빠르게 없어져 자연스럽게 뱃살이 빠졌지요. 특히 저는

Tip 키토식 공부에 도움이 되었던 카페를 소개해요.
초보자들을 위한 이론, 원리, 식재료 소개, 선배들의 조언 등의
내용이 많이 담겨있어요.
• 키토제닉 카페 https://cafe.naver.com/ketogenic
• 저탄고지 라이프스타일 카페 https://cafe.naver.com/lchfkorea

지독하게 괴롭혔던 생리전증후군이 없어졌어요. 예전에는 생리주기에 따른 입맛 변화가 다이어트를 지속할 수 없게 흔들어댔었어요. 배란기 때는 항상 예민하고 감정 기복이 심했고, 자극적인 음식이 많이 먹고 싶었지요. 주중에 잘 참다가 금요일이 되면 다 놓아버리고 배달음식을 잔뜩 시키거나 편의점으로 달려가 온갖 가공식품과 맥주, 단짠단짠 안주를 사들고 와서 먹다 잠든 적도 많아요. 정신줄을 잡고 있다가도 끈을 놓아버리면 폭주하게 되니 절식과 폭식을 반복하는 식이장애를 겪고 있던 것 같아요. 키토식을 시작하고 그런 증상이 아예 싹 사라졌습니다. 입맛이 널뛰지 않으니 자연스레 자극적인 것을 찾지 않게 되고 치팅도 줄어들었죠.

이것은 저탄수식사만으로 오는 효과는 아니에요. 저탄수로 부족해진 부분을 지방이 채워줌으로써 생기는 변화지요. 지방은 각종 호르몬의 전구체가 되어 원활한 신진대사를 할 수 있도록 도와줍니다. 저칼로리 식사에서는 칼로리가 높은 지방을 최우선적으로 배제하는데 그 때문에 호르몬의 전구체도 부족하게 되어서 결국은 필요한 호르몬이 제대로 생성되지 못해요. 식욕조절 호르몬, 성호르몬 모두 들쭉날쭉하게 통제불능이 되는 것이지요. 오랜 저칼로리 다이어트 생활로 인해 무너져 있던 호르몬 밸런스가 지방으로 원상복구되면서 누리게 된 행복한 효과예요.

되찾은 건강과 다이어트, 지속 가능한 키토식으로 지키기
키토식 초기에는 회사 구내식당에서 점심식사 때 음식을 최대한 골라 먹었어요. 그런데 온통 탄수화물 음식만 나오는 날들이 은근 많더라구요. 당이 많은 가공육도 자주 나오고요. 그래서 '키토 도시락'을 준비하기 시작했어요. 바쁜 맞벌이 부부이기 때문에 저는 복잡하고 오래 걸리는 메뉴는 지양해요. 요리가 힘들어지면 키토식을 지속하기 어렵기 때문이에요. 도시락도 저희 부부가 집에서 해먹는 메뉴 중에서 식어도 먹기 좋은 것들로 준비하기 시작했고, 그 내용을 공유하고 싶어 인스타그램도 시작했답니다. 점점 팔로워가 늘어나면서 레시피도 공유하게 되었지요. 이 책에는 특히 키토 도시락으로 준비하기 좋은 메뉴들이 많아요. 표시를 해두었으니 활용하세요. 바쁠 때면 음식을 넉넉히 만들어 일부는 집밥으로 먹고, 나머지는 다음 날 도시락으로 가져가기도 좋아요.

현재 저희 부부는 평일에는 보다 가벼운 마일드 키토식과 당질제한식을 하고 있어요(13쪽). 반면 주말에는 가급적 제대로 된 저탄고지 키토식을 하고 있고요. 즉, 기본적으로 지중해식 저탄고지를 베이스로 포화지방 섭취 또한 두려워하지 않는 식단을 추구합니다. 식단 초기에는 클래식 키토로 체중 감량이나 혈당 안정에 있어 큰 효과를 거두었지만 대신 사회생활을 하기가 힘들어지더라고요. 그래서 '저탄수화물 + 중단백질 + 고지방'의 개념을 가지고 매일 실천 가능한 키토식을 즐겁게 이어가고 있어요.

어떻게 매일 키토식을 하고 도시락까지 준비하냐며 물어보는 분들이 많아요. 그러면 저는 '나이 들어서 아프기 싫어서요'라고 답하곤 해요. 키토 식단을 해보신 분들이라면 무엇을 의미하는지 이해하실 거예요. 체중 감량뿐 아니라 몸이 정상화되는 식단이고, 비염이나 구내염 등 자잘한 염증이 눈에 띄게 줄어든다는 것을요.

또한 키토식에 대하여 오해하는 분들이 있는데, 키토식은 삼겹살만 먹는 게 아니라 건강한 지방과 유기농 식재료를 '골라' 먹는 식단인지라, 여느 건강 식단과 다를 게 없답니다. 그러다보니 식비가 다소 많이 들지만 건강을 위한 투자, 보험이라 생각하고 키토 식단을 지속적으로 하고 있어요. 그래서 저와 함께 유튜브 지방시를 운영하는 멤버들 사이에서는 키토식을 '노후 병원비 아끼는 식단'이라고 부르곤 하지요. 독자님들께서도 이 책 속 레시피들을 따라 하시면서 몸의 즐거운 변화를 만나셨으면 합니다. 또한 한때 펼쳐보고 끝나는 요리책이 아니라, 지속 가능한 건강 식단 실천서로 꾸준히 활용되었으면 하는 바람을 가져봅니다.

마지막으로 소중한 의견을 들려주신 독자 서포터즈님들에게 감사 드립니다. 또한 묵묵히 응원해준 남편 녹두, 언제나 용기를 북돋아주는 지방시 멤버들(양과자, 허귤, 별이)에게도 고맙다는 인사 전해요. 누구나 쉽게 따라 할 수 있는 지속 가능한 키토식 요리책을 만들자고 제안하고 머리를 맞대준 레시피팩토리에게도 감사의 맘을 전합니다.

박 민

평일 저녁, 팬 하나로 만드는 키토 식단

* 평일이나 주말 메뉴를 활용해 자유롭게 식단을 구성하세요.
키토식에서는 1일 3끼를 반드시 모두 먹기보다
1~3끼 배고픈 정도에 따라 먹어도 무방합니다.

* 아래 4가지에 해당하는 메뉴를 목차에 표기해두었으니 참고하세요.

- ● 진짜 바쁜날을 위한 초간단 키토
- ● 다이어트 효과 확실한 오리지널 키토
- ● 도시락으로 가져가도 맛있는 키토
- ● 아침식사나 브런치로 좋은 키토

150 chapter 2

여유로운 주말에 즐기는 오리지널 키토식

☑ **이 책의 모든 레시피는요!**

☑ **표준화된 계량도구를 사용했습니다.**

- 1컵은 200㎖, 1큰술은 15㎖, 1작은술은 5㎖ 기준입니다.
- 계량도구 계량 시 윗면을 평평하게 깎아 계량해야 정확합니다.
- 밥숟가락은 보통 12~13㎖ 로 계량스푼(큰술)보다 작으니 감안해서 조금 더 넉넉히 담아야 합니다.

☑ **대부분 1~2인분 분량입니다.**

- 분량을 2배로 늘릴 때는 재료는 2배로 늘리고 양념이나 소스는 2배를 준비하되 90% 정도만 넣어 맛을 본 후 나머지 10%를 가감하세요. 다 넣으면 짤 수 있습니다.
- 국물 요리의 경우, 물은 1.7~1.8배 정도만 늘려 요리하다가 너무 되직하면 물을 조금씩 추가하세요. 비율대로 늘리면 물이 너무 많을 수 있습니다.
- 불세기는 그대로 맞추되, 조리시간은 상태를 보며 조절하세요.

나에게 맞는 지속 가능한 키토식 찾기

"저희 부부처럼 다이어트나 당뇨, 또는 다른 이유로 키토식을 결심한 분들을 위해
키토식이 무엇이고, 왜 좋은지, 또 어떤 종류가 있고, 나에게 맞는 키토식을
어떻게 찾아야 하는지 제 지식과 경험을 더해 알려드릴게요.
특히 키토식의 세 가지 타입을 이해하고 내 라이프 스타일이나 목적 등에
맞는 방식을 정해 실천하며 내 몸의 반응을 관찰하는 것이 중요하답니다."

키토식, 정확하게 이해하기

나에게 맞는 키토식 찾기

키토식의 시작! 장보기와 추천 제품

지속 가능한 키토식을 위한 꿀팁

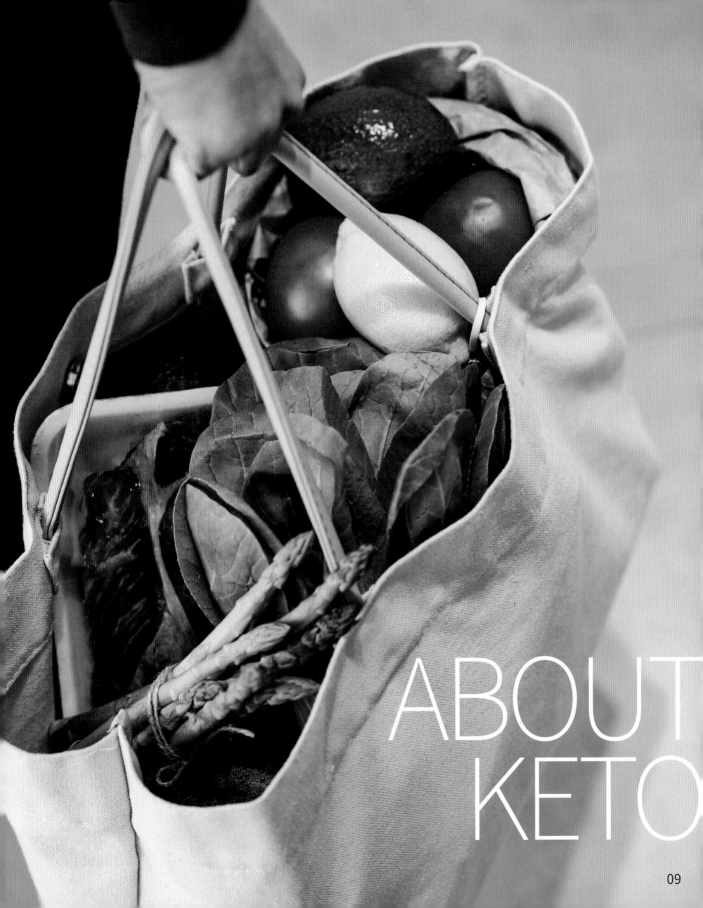

ABOUT
KETO

키토식, 정확하게 이해하기

우리가 식사를 하면 음식물은 몸속에서 여러 영양소로 분해되어 다양하게 쓰입니다.
그중 에너지원으로 활용되는 두 가지가 있는데요, 탄수화물이 분해되어 만들어지는 '포도당'과
지방이 분해되어 생성되는 '케톤' 이에요. 우리 몸은 포도당과 케톤, 둘 중에 한 번에 하나의
연료만 사용할 수 있는데 이들 중 '포도당'을 훨씬 더 선호하지요. 그래서 포도당을 모두
소진해야만 케톤을 에너지원으로 활용하기 시작해요. 키토식은 우리 몸의 주된 에너지원을
'포도당'에서 '케톤'으로 바꾸는 식사법입니다. 굳이 왜 바꿔야 할까요?

이것부터 알아두세요!
혈당 조절 3종 세트
인슐린, 글루카곤, 글리코겐

우리 몸의 최애 에너지원, 포도당(glucose). 언제든
원할 때 에너지원으로 쓰기 위해 혈액 속에는 늘 일정량의
포도당(혈당)이 있어요. 혈당은 너무 높거나 낮으면
건강에 이상이 생기지요. 그래서 우리 몸은 혈당을
일정하게 유지하기 위해 두 가지 호르몬을 작동시켜요.

첫 번째 호르몬, 인슐린(insulin)

음식을 먹고 혈액 내 포도당이 많아지면, 췌장에서는
즉각적으로 '인슐린'이라는 호르몬을 분비해요. 이 호르몬은
혈액에 넘쳐나는 포도당을 빠르게 각 조직(근육, 지방
등)으로 전달하는 역할을 해요. 인슐린이 분비되면 우리
몸은 포도당이 들어왔다는 걸 눈치채고 지방은 나중에
사용하기 위해 저장합니다. 그래서 탄수화물과 지방이
모두 많이 들어있는 소위 '고탄고지' 식사를 하게 되면,
인슐린이 분비되어 지방은 복부나 피하지방으로 저장되어
버리죠. 과도한 인슐린 분비는 체중을 증가시키는 원인도
되기 때문에 '비만 호르몬'이라고도 불러요.

두 번째 호르몬, 글루카곤(glucagon)

글루카곤은 인슐린과 반대로 혈액 내 혈당을 올려주는
호르몬이에요. 혈당이 너무 떨어지면 췌장에서 분비되어
간에 저장되어 있던 글리코겐(포도당 중합체)을 다시
포도당으로 분해해 혈액에 제공해서 혈당을 유지시켜줘요.

남는 포도당은 글리코겐이나 지방으로!

인슐린이 혈중 포도당을 각 조직에 전달하고도 남았다면,
이들은 두 가지로 전환되어 저장돼요. 우선 간이나 근육에
포도당 중합체인 글리코겐 형태로 저장되고요, 그래도
남으면 체지방으로 전환되어 우리 몸에 쌓이지요.

키토식에 대해 가장 먼저 알아둘 것은?
키토식의 에너지원 케톤 &
키토식의 출발점인 케토시스 상태

우리 몸이 포도당 말고 에너지원으로 쓸 수 있는
또 다른 성분, 바로 지방이 분해되어 만들어지는
'케톤(ketone)'이에요. 키토식은 포도당이 아닌, 케톤을
에너지원으로 사용하는 식이요법이기 때문에
'키토'나 '케토' 또는 '케토제닉' 다이어트라고 불려요.
탄수화물을 줄이고 지방을 많이 먹는 식사법이라
국내에서는 '저탄고지(저탄수화물 고지방) 다이어트'
라고도 하지요.

키토식의 에너지원은 포도당 대신 케톤(ketone)
다 쓰고 남은 포도당은 우리 몸에 '글리코겐'과 '지방'으로
저장된다고 앞서 이야기한 것을 기억하시죠? 반대로 혈액
내 포도당이 부족하면 간에 저장된 글리코겐을 분해해
에너지원을 다시 만드는데요, 이것마저 다 쓰고 없으면
몸은 지방을 분해해 에너지를 만들기 시작해요. 이때
만들어지는 것이 '케톤'이지요. 케톤은 수용성이라 혈액을
따라 세포 곳곳으로 이동해 에너지원으로 사용됩니다.
하지만 처음부터 포도당만큼 잘 쓰이지는 못해요. 내 몸이
케톤을 포도당 대신 사용할 수 있는 에너지원으로 인식하고
잘 사용하도록 적응시키는 기간이 꼭 필요하지요.

**우리 몸이 케톤을 에너지원으로
잘 활용하지 않는 이유**
인간의 몸은 생존을 위해 영리하게
프로그래밍되어 있어요. 탄수화물은 빠르고 급격하게
연소되는 반면, 지방이나 단백질은 분해과정이 필요하고
느리며 지속적으로 연소되는 에너지원이지요.
우리 몸에 들어온 탄수화물을 에너지원으로 전환해 쓰는
것은 인슐린 덕분에 어떠한 준비가 없이도 가능한
'숨 쉬는 것보다 쉬운 시스템'이에요. 반면 케톤은
지방까지 꺼내 써야 하는 상황이 되어야만(혈액에
포도당도, 간에 글리코겐도 없는 상태) 비로소 만들어지기
때문에 몸의 입장에서는 쓰기 편한 포도당을 두고,
굳이 번거롭게 케톤을 쓸 필요가 없지요.
하지만 편하다고 해서 인슐린이 좋은 건 아니에요.
자주 사용하거나 과한 분비를 일으키게 하는 식습관을
가지게 되면 많은 부작용이 생겨요. 특히 밥에 의존하는
한국인의 경우, 고탄수화물 중심의 식습관을 계속하게
되면 중년 이후 공복혈당이 높아지고 노년에 당뇨가
발생하는 경우가 굉장히 많습니다.

에너지원을 케톤으로 바꾸면, 즉 키토식을 하면 좋은 점
지방을 꺼내 쓴다는 것은 지방을 태우는 즉, '살이 빠지는
상태'를 의미해요. 케톤을 사용하는 동안 몸에서 인슐린이
분비될 일이 없기 때문에 '케톤을 사용하는 몸'은 혈당도
안정되고, 살도 빠지는 '1석 2조의 몸'이 되는 것입니다.

혈당이 안정되면, 당뇨는 물론 각종 대사질환에도 좋지요. 염증성 질환, 심장이나 혈관 질환 등에도 효과가 있다는 연구가 많으며 암치료 식단으로도 사용되고 있어요. 제 경우에는 케톤을 사용하면서 두뇌 회전이 굉장히 빨라진 것 같은 느낌을 받을 때가 있어요. 일 처리 능력이 향상되고 아이디어가 잘 떠오르는, 뇌가 반짝반짝 깨어있는 느낌이랄까요? 실제로도 키토식은 '브레인 포그 증후군'에 효과가 있다고 알려져 있답니다. '브레인 포그(brain fog)'는 뇌에 안개가 낀 것처럼 멍한 느낌이 지속되고 정신적으로 흐릿한 상태를 말해요. 집중력 저하, 기억력 장해, 피로감, 졸림 등의 증상이 지속적으로 동반되죠. 어떤 말을 하려는데 단어가 기억이 나지 않거나, 방금 했던 대화 내용도 잘 기억나지 않는 그런 일들이 반복돼요. 무기력하고 에너지가 없죠. 하지만 키토식을 한 후 그 증상이 사라졌어요! 뇌가 깨어있고 에너지가 부스팅 되는데도 내면은 평온한 이 경험을 하니 다시 일반식으로 돌아가고 싶지 않더라고요.

케톤과 친해질 준비가 된 상태, 케토시스(Ketosis)

케톤이 안정적으로 만들어지고 몸에서 케톤을 잘 사용할 수 있는 상태를 '케토시스'라고 불러요. 보통 1~2주일 정도 철저하게 탄수화물 제한을 하게 되면 몸에 저장되어 있던 글리코겐을 다 사용하기 때문에 케토시스에 진입할 준비가 된 몸 상태가 돼요. 그때 엄청나게 탄수화물이 당기는 경우가 있는데 이건 몸에 저장된 글리코겐이 없다는 신호이기 때문에 '아! 케토시스에 들어갈 준비가 됐구나!'라고 생각하세요. 이때만 잘 넘기고 조금 엄격하게 키토식을 시작하면 2~3주 정도 지나 안정적으로 케톤을 사용할 수 있는 상태 즉, 케토시스로 접어들게 됩니다.

Tip 당뇨 환자가 키토식을 할 때 주의사항

키토식을 시작하게 되면 탄수화물을 먹지 않기 때문에 인슐린이 예전만큼 필요하지 않게 돼요. 따라서 인슐린 주사를 사용하고 있거나, 인슐린 분비를 자극하기 위한 당뇨약을 먹고 있다면 저혈당이 올 수 있답니다. 혈당을 자주 체크하면서 사용하고 있는 약의 투여량을 조절해야 해요. 본인이 사용하고 있는 약제를 정확히 알고, 반드시 주치의와 상의하면서 시작하세요.

키토식의 3가지 단계를 이해하세요!

클래식 키토식 & 마일드 키토식 & 당질제한식

키토식은 목적에 따라 3단계로 나눠요. 각 단계의 특장점을 이해한 후 자신에게 맞는 키토식을 설계하세요. 그러면 지속적으로 즐기면서 키토식을 이어갈 수 있지요.

1단계

클래식 키토식
(오리지널 저탄고지)

탄수화물 10%
단백질 20%
지방 70%

강력한 체중 감량 효과, 질병(당뇨, 대사증후군, 암 등)의 치료를 위한 엄격한 키토식이에요. 탄수화물 : 단백질 : 지방 비율이 10% : 20% : 70%로 먹는 대부분의 에너지를 지방에서 얻는 식단이에요. 포화지방 섭취에 관대하며 타이트하게 탄수화물을 제한하므로 허용되는 식재료도 적은 편이지요. 혈당이 안정적으로 유지되므로 살이 잘 빠지는 장점이 있으나, 지방 대사가 익숙하지 않은 사람의 경우 장기간 지속할 경우 탈모나 생리 불순이 올 수도 있어요. 생화학적으로 지방을 연소하는 데는 탄수화물이 약간의 불쏘시개 같은 역할을 하므로 지방대사를 위해서도 양질의 탄수화물을 소량(순탄수 20g이하) 섭취하는 것이 좋습니다.

2단계

마일드 키토식
(지중해식 저탄고지)

탄수화물
20~30%

단백질
30%

지방 40~50%

체중 감량, 컨디션 유지, 혈당 관리 등을 위한 순화된
키토식이에요. 양질의 탄수화물을 늘리는 대신 지방의
비율을 조금 줄여주는 키토식이지요. 포화지방뿐
아니라 불포화지방인 올리브유 섭취도 많아 '지중해식
저탄고지'라고도 불려요. 탄수화물 : 단백질 : 지방의
비율은 20~30% : 30% : 40~50% 정도로 맞추면 됩니다.
이때 적절한 탄수화물의 양은 사람마다 다르므로
안정적인 케토시스에 진입한 후 탄수화물 양은
조금씩 늘려주고 지방을 비율에 맞게 줄여주면서
섭취해 주는 것이 좋아요.

3단계 당질제한식

다이어트가 끝난 유지어터나 건강 관리를 위하는
이들에게 추천하는 식사법이에요. 일본의 유명한
당뇨전문의 에베코지가 이름 붙인 식단이지요. 일반식과
유사하게 먹되 설탕, 정제당, 포도당, 밀가루, 밥, 빵, 면 등
혈당을 급격하게 올리는 식재료를 제외하고 특별한 비율

없이 단백질과 지방을 자유롭게 먹어요. 허용되는 식재료
범위가 상대적으로 넓어 사회생활을 하면서 병행하거나
지속 가능한 것이 장점이죠. 그러나 그만큼 케토시스로의
진입도 오래 걸리고 살 빠지는 속도와 혈당 안정화는
더디며, 클래식 키토식에서 느꼈던 에너지가 넘치는 느낌이
상대적으로 적은 것이 단점이랍니다.

> 지속 가능한 건강한 키토식, 함께해요!
> ## 바쁜 직장인 부부의 선택은
> ## 2단계를 기본으로 한 복합 키토식

저탄수화물 ＋ 중단백질 ＋ 고지방

저는 현재 3가지 단계의 키토식을 적절히 병행하며
'저탄수화물 + 중단백질 + 고지방' 키토식을 이어가고
있어요. 식단 초기에는 클래식 키토식을 해서
체중 감량이나 혈당 안정에 큰 효과를 거두었지만 대신
사회생활을 하기 힘들어지더군요. 그래서 지금은 2단계인
지중해식 저탄고지를 기본으로, 포화지방 섭취 또한
두려워하지 않는 식단을 추구해요.
평일에는 바쁘니까 마일드 키토식을, 주말에는 시간적
여유가 있으니 클래식 키토식을 해먹습니다.
회사일로 회식을 하거나 친구들을 만날 때는 당질제한식
정도로 해서 적절히 섞어 실천하지요. 지속적인 키토식을
위해 선택한 방법이에요.
그러다 보니 약간의 탄수화물을 먹는데요, 당뇨가 있는
남편의 경우에는 타이트한 키토식으로 혈당을 강하한 이후
안정적으로 유지하는 것이 중요했어요. 인슐린 스파이크가
일어나지 않게 하기 위해서는 탄수화물을 조금 섭취하는
것이 오히려 당뇨 관리에 필요했기 때문에 그에 맞춰
탄수화물 양을 늘이고 줄여보면서 몸에 맞는 양을 찾았죠.
제 경우에는 케톤 수치가 너무 높으면 잠이 잘 오지
않았어요. 이 경우 탄수화물을 조금 섭취해주는 것이
숙면에 도움이 되기 때문에 양질의 탄수화물 섭취를
조금씩 늘리게 되었어요.

나에게 맞는 키토식 찾기

키토식을 이해했고 어떤 단계의 키토식을 실천할지 정했다면,
이제 탄수화물과 이별할 준비를 해야겠지요? 내가 좋아하는 탄수화물 타입을 점검하고
2주간 워밍업에 들어간 후 키토식을 시작하세요.
똑같은 메뉴를 먹어도 각자 체질이 다르기 때문에 내가 먹은 키토식을 기록하고
다음 날 몸과 컨디션을 체크하며 나에게 맞는 키토식을 찾는 연습도 필요해요.
그럴 때 활용하기 좋은, 제가 애용하는 어플도 소개해드릴게요.

> **내가 좋아하는**
> **탄수화물 타입 알기**
> # 당 중독 vs. 전분 중독

본인이 어디에 더 해당하는지
체크해보세요. 보통 3개 이상이
나오면 위험하다고 볼 수 있어요.
제 경우는 '전분 중독'이었어요.
해당하는 타입에 더 가까운 음식을
의식적으로 피하는 것은 키토식에
들어가기 전 필요한 연습이에요.

당 중독 체크표

당 중독은 말 그대로 '단맛'을 좋아하는 거예요. 혈당 자극이
심하기 때문에 당뇨 전단계로 가는 지름길이죠.

- ☑ 식후 달달한 음료(바닐라 라떼, 캐러멜 마끼아또, 초코 프라푸치노 등
  단맛 나는 음료) 먹는 걸 좋아한다.
- ☑ 케이크는 내 인생에서 빼놓을 수 없다.
- ☑ 식빵보다는 잼이 듬뿍 올라간 파이, 반짝거리는 크로와상을 좋아한다.
- ☑ 당 떨어질 때는 사탕이나 과자를 먹는다.
- ☑ 밥 대신 달달한 커피나 과자로 끼니를 때우는 일이 잦다.

전분 중독 체크표

전분 중독은 쌀밥 문화인 한국인에서 꽤 볼 수 있는 유형이에요.
평소 '밥순이', '밥돌이' 소리를 듣고 간식도 잘 안 먹는데 이상하게
살이 찌고 혈당이 높다면 전분 중독일 가능성이 있어요.

- ☑ 식사의 마무리는 꼭 밥이어야 한다.
  (감자탕 먹고 밥 볶아먹기, 고기를 먹어도 마무리는 냉면, 누룽지 등)
- ☑ 옥수수, 감자, 고구마 구황작물은 내 친구!
- ☑ 파스타보다는 리조또, 탕수육보다 꿔바로우를 좋아한다.
- ☑ 백설기, 절편, 가래떡 같은 슴슴한 전통떡을 좋아한다.
- ☑ 자박자박한 걸쭉한 찌개에 밥 말아먹는 걸 좋아한다.

키토식 시작 전 2주간의 워밍업

 1주차 당과 탄수화물을 서서히 줄여가는 단계

- 하루에 한 공기의 밥을 점심과 저녁에 나눠 먹기
- 밥이 줄어 부족한 부분은 슴슴하게 양념한 나물 반찬이나 샐러드, 고기로 채우기
- 빵, 면은 꼭 끊기
- 커피는 라떼 대신 아메리카노로 바꾸기
- 입이 심심하고 부족하게 느껴진다면 차나 물 많이 마시기

2주차 소스 + 당 + 밀가루 + 밥(하루 반 공기) 제한하기

- 하루에 1/2공기의 밥을 점심에 다 먹거나, 점심과 저녁에 나눠 먹기
- 혈당이 천천히 오르는 현미, 잡곡밥으로 바꾸기
- 밥이 줄어 부족한 부분은 슴슴하게 양념한 나물 반찬이나 샐러드, 고기로 채우기
- 빵, 면 이외에 밀가루, 옥수수, 고구마, 감자 등
  단순전분(식이섬유가 적고 혈당이 오르는)은 꼭 끊기
- 아메리카노는 하루에 한 잔 정도만 마시기
- 입이 심심하고 부족하게 느껴진다면 차나 물 많이 마시기
- 에너지가 떨어진다고 생각되면 차가운 버터 10g 정도를 씹어 먹기
- 천연 발효치즈나 스낵 올리브를 간식으로 선택하기(치즈는 발효되면서 유당이 많이
  없어지니 치즈를 좋아한다면 고다, 브리, 에담 등 가공되지 않은 천연 발효치즈를 가지고
  다니며 먹으면 좋아요. 유제품 알러지가 있다면 마다마 올리바 스낵 올리브를 추천해요.)

2주차까지 잘 따라오셨다면 이제 키토식을 시작할 준비가 된 거에요. 물론 의지력이
강한 분이라면 1, 2단계 모두 생략하고 바로 시작해도 무방합니다.

나에게 맞는 키토식 찾아보기

먼저 12쪽에서 설명한 세 가지 키토식 타입 중
한 가지를 고른 후 탄수화물, 단백질, 지방의 비율을
확인하세요. 이 비율대로 맞춰서 먹으려면 어떻게
해야 할까요? 이때 정말 요긴한 어플이 있어요.
바로 '팻시크릿'이에요. 내가 하루에 먹은 음식들을
기록해놓으면 1일 섭취 영양소 분량은 물론 탄수화물,
단백질, 지방의 비율도 확인할 수 있답니다.

① 스마트폰에 'fatSecret(팻시크릿)'으로 검색해
　 어플을 다운로드 받으세요.

② 이메일로 가입하세요. 귀찮지만 가입해두면
　 식단기록이 저장되고, 나중에 무얼 먹고 또는
　 먹지 말아야 할지 보기가 편해요.

③ 설정으로 들어가 몸무게, 키, 활동레벨 등을
　 입력하세요.

④ 이제부터 식단 기록의 시작! 오늘 하루 먹은 양을
　 기록하세요. 밀리면 정말 귀찮아지므로
　 식사를 마치고 바로 기록하거나, 하루를 마무리하면서
　 침대에 누워 일기 쓰듯이 하는 것을 추천해요.

Tip 또 하나의 추천 웹사이트, 키토게인

키토식을 하는 나만의 목적, 내 몸에 맞는 탄수화물, 단백질,
지방(이하 탄단지로 표기)의 양을 자동으로 계산해주는
'키토게인(ketogains)'이라는 사이트를 추천해요.
여기서 내가 매일 먹어야 하는 탄단지의 양이 나온다면,
이어 어플 '팻시크릿(fatSecret)'을 통해 내가 먹는 음식들을
기록하고 자동 분석을 통해 결과를 비교하세요.
이런 경험치들이 쌓이면 나에게 가장 잘 맞는 키토 식단을
구성하게 됩니다. 오른쪽 상단의 주황색 버튼 'Calculate Your
Macros'를 누르고 정보를 입력하면 자동 계산을 해줍니다.

⑤ 자, 이제 오늘의 탄수화물, 단백질, 지방의 양과 비율 분석할게요.

분석1
키토식에서는 칼로리에
연연하지는 않아요.
중요한 것은 탄수화물,
단백질, 지방의 양과 비율!

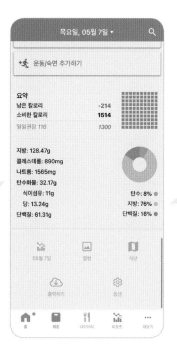

분석2
오늘 제가 먹은 지방량은 128g,
탄수화물은 32g, 단백질은 61g이에요.
탄수화물에서 식이섬유를 제외한 것이
순탄수화물인데요, 제 순탄수화물의
양은 21.17g 이었어요.
오늘은 클래식 키토식에서 권장하는
수준을 잘 맞춰 먹었네요.

분석3
어느 정도 분량을 먹어야
탄수화물, 지방, 단백질 비율을
목표치로 유지할 수 있는지
확인하세요. 제 목표
탄수화물 : 지방 : 단백질 비율은
10 : 70 : 20 이었어요.
내일은 목표에 근접하기 위해
잎채소로 된 탄수화물을
약간 더 늘리고, 단백질도 조금
더 먹고, 지방은 살짝만 줄이거나
유지해도 좋을 것 같아요.
이 정도 비율이 저에게는 최적의
상태로, 다음 날 살이 빠지고
컨디션이 엄청나게 좋은 양이에요!

⑥ 키토식을 시작하면 어떤 식재료가 나에게 잘 맞고,
또 어떻게 먹었을 때 몸 컨디션이 좋은지,
오늘은 너무 적게 먹진 않았는지 또는 단백질이나
탄수화물이 과하지 않았는지 감을 잡는 것이
정말 중요해요. 남들은 이렇게 하니 살이 빠졌다던데…
이런 것은 사실 내 몸엔 전혀 중요하지 않아요. 나에게
맞는 방법도 아닌데 따라 하다가 몸만 망가질 수
있어요. 마음먹고 한 달간 열심히 기록하다 보면,
내 몸에 맞는 베스트 식단의 감이 오게 됩니다.
잘 모르겠다고요? 맨 오른쪽 아래 더보기를 눌러
한 달간 내 기록을 살펴보세요. 한 달의 기록이
쭉 나오면서 그날을 누르면 다시 식단을 떠올릴 수
있어요. 꼭 다 채우지 못해도 좋아요. 일단 반복하면서
양을 늘려도 보고 줄여도 보고 비율을 바꿔도 보고
하다보면 어느 날 감이 딱! 온다니까요!

몸무게 & 컨디션 & 혈당과 케톤

☑ 몸무게

내 몸에 맞는 탄수화물, 단백질, 지방량을 알기 위해 정말 중요한 작업이라고 생각해요. 식단을 처음 시작하면 감이 없거든요. 그래서 앞서 설명한 '팻시크릿 어플'을 사용해 꼼꼼하게 기록하고 다음날 되짚어봐요. 어떤 재료를 추가했고 어떤 조리를 했더니 다음날 몸무게가 늘었다, 빠졌다로 먼저 체크합니다. 증량인지 감량인지 체크하는 게 가장 쉬운 방법이거든요. 평소와 크게 다르지 않은데 탄단지 비율이 달라졌더니 몸무게가 빠졌다면 다음날도 똑같이 먹어봐요. 그게 계속되는 패턴이라면, 그 음식은 감량템이 되는 거죠. 반대로 탄수화물 양을 얼마 정도 늘렸을 때 살이 찌는지도 지속적으로 모니터링해요. 전날 먹은 음식의 기록, 탄단지 비율을 보고 어떤 부분이 달라졌는지 의심 가는 부분을 기록하고 오늘은 그 부분을 신경 써서 먹어보고 다음날 다시 체크, 기록해 보는 게 굉장히 도움돼요. 1년 정도 이렇게 본인 몸을 관찰하다 보면 패턴을 익히게 되어서 나중에는 팻시크릿 없이도 감으로 식단을 유지할 수 있어요.

☑ 컨디션

나만이 나의 컨디션을 느낄 수 있기 때문에 매일 체크해보는 부분이에요. 키토시스에 진입하게 되면 몸이 가볍고 아침에 일어나는게 정말 산뜻하다는 걸 느낄 수 있어요. 침대가 내 몸을 잡아당기는 물 먹은 솜 같은 컨디션이 없어지거든요. 뭔가 활동적이 되고, 더 해낼 수 있을 것 같은 상태가 돼요. 만약 어떤 음식이나 재료를 먹었을 때 갑자기 기분이 다운되거나 소화가 안되는 것 같은 느낌이 든다면 그 음식은 당분간 먹지 않아요. 컨디션이 좋을 때 다시 한번 그 음식을 먹어보고 같은 느낌을 받는다면 그건 나와 맞지 않는 식재료라고 생각하고 제외하는 편이에요.

☑ 혈당과 케톤

위의 두 가지만 해도 되는데요, 처음에 키토시스 상태가 온 건지 아닌지 잘 판단이 서지 않을 수 있어요. 그래서 키토식 초기에는 도구를 이용해 매일 아침 나의 혈당과 케톤 수치를 재고 기록하는 것도 좋아요. 어제 먹은 음식에 따라 아침 공복 혈당, 케톤 수치가 어떻게 달라지는지 체크해보면 키토식과 식재료에 대한 감을 잡을 수 있지요. 점점 떨어지는 공복혈당을 보면 이 식단을 잘하고 있다는 확신도 생기게 되고요. 좋아지는 컨디션은 덤으로 받는 선물이에요! 저는 키토 커뮤니티에서 공구도 많이 하는 제품인 '케어센스N 혈당측정기'를 사용하고 있어요.

키토식의 시작! 장보기와 추천 제품

키토식을 시작하게 되면서 장볼 때마다 식품성분표를 더 꼼꼼히 읽게 됩니다.
숨어있는 당을 거르다 보면 자연스럽게 식품첨가물도 배제하려고 노력하게 되지요.
가장 좋은 식재료는 원재료 이외 다른 것들이 적게 들어간 것이에요. 기본적으로 첨가물이 없고,
원재료에 충실하며 설탕, 밀가루가 들어있지 않은 제품을 고르면 됩니다.
특별한 공정이 추가되지 않고 자연에 가까운 재료를 선택한다고 생각하면 어렵지 않아요.

1. 일단 식품성분표를 꼼꼼히 살피자.
2. 설탕, 밀가루가 들어있지 않은 것을 골라라.
3. 원재료의 비율이 높은 것을 골라라.
4. 성분표에 원재료 외 알 수 없는 단어들이 길게
   쓰여 있다면, 첨가물이 많은 것이니 사지 말자.

돼지고기 & 쇠고기 & 닭고기

키토식에서는 불포화 지방산 중 오메가3 섭취를 굉장히
중시해요. 오메가 지방산은 몸속 세포막을 구성하는 필수
지방산이에요. 어느 하나가 결핍되거나 불균형이 되면
세포막 구성에 영향을 미쳐 신진대사 장애 등의 문제가
발생하죠. 오메가3 지방산이 충분할 경우, 세포막의
유동성이 증가해 호르몬과의 반응이 빠르고 세포활성도가
높아져요. 반면 오메가6 지방산이 많아지면 세포막의
유동성이 저하되어 세포막을 이동하는 물질들의 속도가
느려지고 대사의 속도도 떨어지게 돼요.
대부분의 돼지, 소, 양 모두 곡물을 먹여 사육하기 때문에
고기 자체의 오메가3는 적고 대신 오메가6가 많아요.
특히 옥수수 사료를 먹인 경우는 더 심하죠.
따라서 키토식에서는 고기 섭취가 많기 때문에 오메가
지방산의 불균형을 줄이기 위해 오메가3 영양제를
꼭 챙겨 먹는 것이 좋아요. 또한 최대한 오메가6가
적은 사육환경에서 자란 고기를 고르도록 하세요.
풀과 잎에는 오메가3 지방산이 많고 씨앗과 곡류에는

오메가6 지방산이 많아요. 당연히 곡물을 먹여 키운
고기는 오메가3보다 오메가6가 많습니다. 초지방목,
그래스피드(목초사육), 무항생제 고기면 정말 좋겠죠!
하지만 가격 부담이 있기 때문에 모두 만족하지
못하더라도 무항생제 고기만큼은 고를 것을 권해요.

돼지고기

숙성될수록 알러지 유발 물질인 히스타민이 증가하기
때문에 도축한지 얼마 안된 고기를 먹는 것이 좋아요.
또 도토리를 먹여 오메가3와 올레인산이 많은
이베리코 베요타종을 선택하는 것도 좋습니다.

쇠고기

호주산을 자주 이용해요. 대부분 목초사육을 하다가
도축 한두 달 전에만 곡물사육을 한다고 해요. 목초사육을
하는 뉴질랜드산 그래스피드 쇠고기는 확실히 마블링이
적어 질기기 때문에 찜이나 탕에 적합하고 조리 시 버터를
추가해 주면 좋아요. 양고기도 호주산을 추천해요.

닭고기

최대한 동물복지 환경에서 길러진 닭으로 구매해요.
사육환경에서 받는 스트레스는 모두 독성 물질로 몸 안에
남아 있다고 하니 스트레스가 덜하고 건강한 환경에서
자란 먹거리를 고르는건 이제 습관이 되어 버렸어요.
동물복지 제품을 소비하는 것이 결국 선순환으로 작용하는
윤리적 소비가 된다고 생각하거든요.

달걀

닭이 받는 환경 스트레스와 항생제가 모두 달걀에 축적
된다고 해요. 무항생제 초지방목 동물복지 유정란을 고르는
것이 제일 좋아요. 요즘은 이런 달걀을 '1번 달걀'이라고
하니, 그림을 참고해 고르세요. 방목달걀의 가격적인 면이
부담된다면 적어도 동물복지 유정란을 고르세요.

계란 표시사항 확인법

0823 M3FDS 2
산란일자 / 생산자 고유번호 / 사육환경 번호

산란일자(4자리) : 산란일이 8월 23일이면 0823으로 표시
생산자 고유번호(5자리) : 가축사육업 허가·등록증에 기재된 고유번호
사육환경번호(1자리) : 1(방사), 2(평사), 3(개선 케이지), 4(기존 케이지)

[추천 제품] 강정아네 꼬꼬들 복지란, 심다누팜 계란,
올가 동물복지 유정란, 마켓컬리 동물복지 유정란, 다란팜 자유방목
유기란, 등고개 농장 자연 유정란, 메디오가닉 아토란

우유

우유에 들어있는 유당도 당이기 때문에 저탄고지
초보자에게 추천하는 식재료는 아니예요.
유당불내증(유당을 잘 소화시키지 못하는 것)이 있어
소화장애와 장 트러블을 겪는 분들도 많고요. 하지만
평생 안먹고 살 수 없으니 저탄고지를 잘 유지하고 있다면
유당을 없앤 '락토프리 우유'를 추천해요.
[추천 제품] 매일유업 소화가 잘되는 우유

생크림

생크림은 유지방이 35~38%로 이루어져 있어 저탄고지에
적합해요. 하지만 유당도 함께 들어있으니 많이 먹는 건
좋지 않답니다. 혹 유제품을 먹었을 때 체중이 늘거나,
케톤수치가 떨어진다면 안먹는 것이 좋아요.
시중 제품 중 식물성 생크림은 수소경화유에 각종
첨가물을 넣어 휘핑 시 거품이 단단하게 유지되도록 만든
제품이에요. 식물성이라는 마케팅에 속지 말고 반드시
동물성 생크림을 고르세요. 100% 유크림으로 이루어진
제품을 고르면 됩니다. 수입 휘핑크림에는 보존제(유화제
및 검류)가 들어있는 경우가 있으니 국내 제품을 추천해요.
[추천 제품] 덴마크 생크림, 매일유업 생크림, 서울우유 생크림

치즈

치즈는 지방량도 채우면서 단백질도 채울 수 있는 좋은
식품군이에요. 치즈를 고를 때는 딱히 브랜드를 따지지
않고 식품유형에서 '자연치즈'라고 명시된 걸 고르세요.
자연치즈 몇 프로에 다른 것들이 첨가되어 있다면 그건
가공치즈입니다. 자연치즈에는 우유, 린넷, 소금 정도만
들어있지요. 하지만 치즈를 먹었더니 다른 음식이 더욱
당긴다면(소위 말하는 입 터짐) 안먹는 걸 추천합니다.

[추천 제품]
- **소프트 치즈** 선서오메가 구워먹는 치즈, 브리, 까망베르,
  생 모짜렐라, 부라타, 보코치니
- **하드 치즈** 파르미지아노 레지아노치즈(파마산),
  그라나파다노치즈, 그뤼에르치즈, 만체고치즈
- **크림치즈** 마담로익 크림치즈
- **치즈가루** 100% 파마산치즈가루

만체고치즈　　　파르미지아노 레지아노치즈　　　그라나파다노 치즈

유지류

저는 저탄고지보단 저탄건지(저탄수화물, 건강한 지방)를 추구해요. 그래서 건강에 이롭지 않은 정제오일이나 수소경화유(마가린)는 권하지 않아요. 시중의 카놀라유, 대두유, 해바라기씨유, 포도씨유 등의 식물성 오일은 전부 정제오일이에요. 또한 산화된 불포화 지방산을 제거하기 위해 수소를 첨가해 굳히고 분리하는 경화 과정을 거치는 수소경화유는 조리 시 트랜스지방, 과산화물, 프리라디칼을 만들게 되는데, 이들은 심혈관질환, 치매, 간질환 암 등을 유발하는 원인이 되니 피하세요.

* 소개글의 번호와
   제품의 번호를
   함께 확인하세요.

버터 ①

버터를 고를 때는 유지방함량과 첨가물을 보세요. 천연버터는 첨가물이 적혀있지 않고 유크림이 전부랍니다. 여기에 젖산균을 넣어 풍미를 더한 것이 천연발효버터이고, 소금을 넣은 것이 천연가염버터에요. 마트에서 판매하는 버터는 천연버터보다 가공버터가 더 많으니 고를 때 유의하세요. 저는 온라인 몰을 이용하는 편이에요.

[추천 제품]
* 천연버터 100% 유크림, 또는 98~99% 유크림과 천일염으로 만든 것이나 유지방 함량 80% 이상인 것

영상으로 배우기

* 2021년 3월 기준, 판매되는 제품들입니다. 브랜드에 따라, 제품 패키지는 이후 교체될 수도 있습니다.

22

올리브유

올리브유에서 중요한 것은 '산도(Acidity)'예요. 수확하고 오래 보관했거나 수확할 때 손으로 따지 않고 기계로 따서 여기저기 상처가 많은 올리브 열매로 기름을 짜면 열매 속 지방분해효소가 활성화되어 지방산 파괴가 많아지고, 산도가 높아집니다. 갓 따서 바로 짠 신선한 올리브유는 산도가 낮지요. 국제올리브유 협회에서는 산도 0.8% 이하면 엑스트라 버진 올리브유(EVOO)로 구분하고, 산도 0.8~2.0% 수준이면 그냥 버진(Virgin)이라고 해요. 올리브유는 산도가 낮을수록 발연점이 높아요. 가정에서의 화력은 그렇게 세지 않아 엑스트라버진 올리브유의 발연점을 넘는 경우는 거의 없기 때문에 중간 불 정도의 간단한 볶음류는 사용해도 좋아요.

[추천 제품]
요리용은 데체코의 엑스트라 버진 올리브유, 샐러드 드레싱이나 생식용으로는 마그나수르나 베제카의 엑스트라 버진 올리브유

영상으로 배우기

라드 ②

돼지 기름이에요. 키토식에서는 포화지방의 섭취도 중요하게 생각해요. 포화지방, 불포화지방이 골고루 있어야 호르몬 형성에도 도움이 되고 세포막 구성도 유동적이 되거든요. 중식이나 전을 부칠 때, 고소한 맛을 내고 싶을 땐 라드를 사용해보세요. 음식 맛이 달라져요.

[추천 제품]
씨와이프로 라드, 더 착한 무항생제 라드, 만테카 데 이베리코 베요타 라드

코코넛오일 ③

자주 사용하진 않지만 코코넛오일이 필요한 레시피들이 종종 있죠. 만약 향에 민감해서 무향 코코넛오일(정제 코코넛 오일)을 선택하고 싶다면, 차라리 먹지 않는 편이 좋습니다. 정제 코코넛오일에는 좋은 컨디션의 코코넛을 사용하지 않기도 하거든요.

[추천 제품] 어니스트 유기농 엑스트라 버진 코코넛오일

아보카도 오일 ④

발연점이 높아 튀김이나 센 불에 볶는 요리에 적합해요. 생식으로는 특유의 향이 있어 호불호가 갈려요.

키토 마요네즈(39쪽)를 만들 때 올리브유나 아보카도 오일을 사용하면 특유의 향과 쌉쌀한 맛이 더해져요. 이게 부담스럽다면 MCT 오일이나 화학용매가 아닌 스팀으로 향을 날려 정제한 아보카도 오일을 사용하세요.

[추천 제품] 그로브 엑스트라 버진 아보카도 오일, 누티바 스팀정제 아보카도 오일

MCT(medium chain triglyceride : 중간사슬지방) 오일 ⑤

지방은 지방산이 사슬처럼 연결되어 있어요. MCT 오일은 지방산 사슬이 길지 않고 중간 길이라서 빨리 분해되는 특징이 있지요. 에너지를 빠르게 얻기 위해 이용하는 오일이지만, 저는 아침에 마시는 방탄커피에 넣는 정도만 사용해요. 가끔 부스팅이 필요하다 싶을 때 사용하지만, 자주 쓰지는 않아요.

[추천 제품]
자로우 MCT 오일, 퓨어인디언 MCT 오일, 어니스트 MCT 오일

카카오버터 ⑥

카카오버터는 카카오 열매에서 얻은 버터예요. 이건 꼭 필요한 제품은 아니지만 방탄코코아(199쪽)를 만들때 카카오 100%만 넣는 것보다 카카오 버터를 함께 넣으면 풍미가 달라진답니다.

[추천 제품]
어떤 브랜드도 상관없어요. 저는 주로 아이허브에서 직구로 구입하는데, 유기농 제품을 선호해요.

들기름과 참기름 ⑦

기름을 추출하는 과정은 여러 가지가 있는데요, 고소한 맛을 중시하는 우리나라에서는 고온에 강하게 볶아 들기름과 참기름을 짜요. 하지만 이 과정 중에 발암물질인 벤조피렌이 만들어집니다. 참기름은 낮은 온도에서 볶아 저온압착한 제품, 들기름은 생들기름으로 고르세요. 생들기름의 경우는 오메가3의 비중이 높은 기름 중 하나라서 추천해요.

[추천 제품]
지리산처럼 참기름&생들기름, 쿠엔즈버킷 참기름, 코메가 생들기름, 다담다 생들기름&저온압착 참기름

영상으로 배우기

양념류 & 김치

★ 소개글의 번호와
제품의 번호를
함께 확인하세요.

소금

히말라야 핑크솔트를 주로 사용해요. 돼지고기 구울땐
함초소금이 맛있고, 깔끔한 맛을 내는 요리엔 말돈솔트가
좋아요. 키토시스 상태에서는 전해질의 재흡수가
힘들어서 나트륨을 보충해주는 것이 좋아요. 간식이
먹고싶거나 입이 심심할때는 전해질 보충용으로 자죽염을
먹고 있어요. 한 알 정도 입에 넣고 천천히 녹여먹으면
사탕 대체로도 좋습니다. 개암 자죽염은 유황냄새가 나고
보라색인 것이 특징이에요. 소금에 대해 알고싶다면
지방시 팟캐스트 소금편을 들으시면 도움됩니다.

[추천 제품] 바디아 히말라야 핑크 솔트, 누리원 함초소금,
말돈솔트, 개암 자죽염

영상으로 배우기   영상으로 배우기

※ 2021년 3월 기준, 판매처, 제품 패키징, 제조 여부 등은 이후 교체될 수 있습니다.

후추 ①

후추는 오래 가열하면 발암물질이 나오는 이슈가 있기 때문에, 요리의 제일 마지막에 넣어주는 게 좋아요.

[추천 제품] 코타니 블렉페퍼, 심플리 오가닉 콜스페퍼

간장 ②

시중 제품 중 메주(또는 콩), 천일염, 정제수만 들어있는 전통 한식간장이면 어떤 것을 사용해도 무방해요. 혹 집에 국간장, 양조간장이 있다면 국간장을 사용하면 돼요.

[추천 제품] 가을향기 유기농 간장, 동트는 농가 간장, 올가 우리콩 전통간장, 기순도 전통간장

영상으로 배우기　　영상으로 배우기

어간장 ③

생선, 천일염으로만 숙성시킨 어간장을 고르세요. 간장의 역할도 하면서 감칠맛을 낼 때 좋아요. 찌개나 국에 뭔가 부족하다 할 때 어간장을 넣으면 간이 딱 맞아요.

[추천 제품] 어박사 어간장, 바다천지 어간장

된장 ④

전통방식으로 만든 메주, 콩, 천일염으로만 만든 것을 고르세요.

영상으로 배우기

[추천 제품] 올가 된장(슴슴한 맛), 맥꾸롬 맥된장(강한 짠맛, 재래식 된장), 동트는 농가 약콩된장

춘장 ⑤

자주 사용하지 않지만 키토짜장을 만들 때는 꼭 필요해요. 시판 춘장은 밀가루가 있어서 추천하지 않아요.

[추천 제품] 진미 우리쌀 춘장, 마야 항아리 춘장LC(키토 춘장)

식초 ⑥

일반식초를 써도 되지만 자연성분 외 화학성분이 첨가된 식초는 고르지 마세요.

[추천 제품] 폰티 화이트와인 비네거(화이트와인 비네거 100%, 드니그리스 유기농 애플사이더 비네거

알룰로스(감미료) ⑦

설탕 대체제로 단맛을 낼 때 사용해요. 혈당자극이 거의 없고 설탕과 비슷한 단맛인 제품을 선택했어요. 또한 유전자 조작 미생물 사용 이슈가 없는 제품이기도 하고요.

[추천 제품] 마이노멀 키토알룰로스

조리용 술 ⑧

맛술에도 과당과 당 시럽이 들어 있다는 것 아시나요? 저는 당 없이 쌀로 발효하여 만든 요리용 청주나 증류주를 생선, 고기의 잡내 제거용으로 사용합니다.

[추천 제품] 대장부(증류소주, 21도나 23도 제품), 미청(첨가물 없는 요리용 청주)

무설탕 생강, 오미자, 석류 원액

순수하게 착즙한 원물 100%즙. 고기나 해산물 요리할 때 잡내 제거를 위해 조금씩 사용 가능해요. 생강차와 에이드를 만들 때도 사용하지요. 생강즙은 방탄커피에 넣기도 해요.

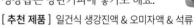

[추천 제품] 일건식 생강진액 & 오미자액 & 석류

키토 김치

시판 김치에는 설탕이나 첨가물이 은근 많이 들어가요. 저는 키토 김치를 사다 먹고 있어요.

[추천 제품] 해담채(마늘에 민감한 키토인들을 위해 설탕, 마늘을 제외한 키토 김치를 만드는 업체. 배추김치와 동치미는 익혀 먹으면 더 맛있어요)
생강부엌(키토인 엄마와 딸이 만드는 김치. 김치 외에 다른 종류의 키토 소스들도 있으니 지속 가능한 키토식에 도움이 될 거예요.)
초록참 키토김치(소포장 맛김치를 판매해요, 편의점에서 사먹던 맛김치와 유사한 맛이에요)

📛 직장인 추천템 ① 동결건조 마늘 & 고추 & 생강

마늘과 생강은 요리할 때 갑자기 없어 당황하기도 하고, 큰 포장을 샀다가 상해서 버리기도 하더라고요. 그래서 오래 두고 쓸 수 있는 동결건조 제품을 사용할 때가 많아요. 한 큐브씩 넣으면 편하고, 원물하고 맛이 거의 똑같아요. 생강에는 프락토 올리고당이 들어있긴 하지만 소량이라 허용하는 편이에요.

[추천 제품] 동결건조 다진 마늘, 다진 생강, 다진 청양고추

그외

* 2021년 3월 기준, 판매되는 제품들입니다. 브랜드에서 리뉴얼하거나 제품 패키지가 바뀌면 이후 하얀 교체될 수도 있습니다.

키토 오이피클 & 키토 할라피뇨피클 ①

피클 전부 설탕맛인 것 아시죠? 직접 담그기도 해봤지만
번거롭고 자주 먹지 않아서 금방 물러지거나 곰팡이가
생기더라구요. 시중 제품 중 설탕이 없는 제품을 추천해요.

[**추천 제품**] 뱅고어 오이피클, 뱅고어 핫칠리페퍼 피클,
멜리스 할라피뇨피클

키토 토마토케첩 ②

키토식을 하면서 새콤달콤한 케첩이 얼마나 땡기던지!
해외상품을 직구로 구매해 사용했었는데 이제는
국내에도 키토 케첩이 나온답니다.

[**추천 제품**] 얼터나 스위츠 클래식 케첩,
케이에프푸드 무설탕 무첨가 저탄수 더 착한 케첩

홀그레인 & 디종 머스터드 ③

매운맛으로 먹는 머스터드에도 은근 설탕이 함유되어
있으니 없는 것으로 고르세요.

[**추천 제품**] 뷰퍼 홀그레인 머스터드, 르네 디종 머스터드

스리라차소스 ④

저탄고지 식단에서 매운맛을 느끼고 싶을 때 많이들
사용하죠. 첨가물과 당이 있기 때문에 소량만 가끔 권해요.

[**추천 제품**] 후이펑 스리라차

카이엔페퍼 & 스모크드 파프리카가루 ⑤

카이엔페퍼는 매운맛을 위해 사용해요.
매운 고춧가루를 곱게 갈아 대체해도 돼요. 스모크드
파프리카가루는 훈제 파프리카 향이 나는 이국적인
향신료예요. 뽈뽀나 부리또 같은 멕시칸 음식에 쓰면
참 잘어울리고 맛있답니다.

[**추천 제품**] 심플리오가닉 제품

말린 허브(이탈리안 시즈닝 등) ⑥

로즈마리, 오레가노, 바질, 딜 등의 말린 허브류는 심플리
오가닉 제품을 써요. 쿠팡 직구로 구하기도 쉽고요. 만약
수많은 허브류 중에 한가지만 고르자면 심플리 오가닉

'이탈리안 시즈닝'이라고 전부 합해진 제품이 있어요.
전부 사기 힘들면 그제품 하나만 가지고 있어도 좋아요.

[**추천 제품**] 심플리 오가닉 이탈리안 시즈닝

들깻가루 ⑦

들깨는 산패되기 쉬워서 신선한 제품을 사용하고,
냉장이나 냉동 보관하는 것이 좋아요.

[**추천 제품**] 지리산처럼 고소한 들깨가루

칡전분 ⑧

튀김의 경우 전분가루가 필요할 때가 있어요. 그럴 때는
칡전분을 사용해요. 'Arrow root'라고도 하는데요,
저항성 전분이라 혈당을 빠르게 올리지 않아요. 하지만
이것도 탄수화물이니 소량만 사용하세요.

[**추천 제품**] 밥스레드밀 애로우루트 스타치 글루텐 프리
(쿠팡 직구로 구매 가능), 렛츠 두 오가닉

키토 소시지

가공육은 최대한 먹지 않는걸 권장합니다. 거의 L-글루탐산 나트륨과 발색제, 각종 첨가물이 들어가 있거든요. 혹, 구매한다면 최대한 돈육함량이 높은 것을 선택하고, 먹기 전에 뜨거운 물에 데쳐 첨가물을 빼고 드세요. 요즘은 키토인을 위한 건강한 소시지가 많이 출시되고 있답니다.

[추천 제품] 가문의 레시피 소고기 소시지, 엉클앤파파 이베리코 소시지, 사실주의 베이컨 무설탕 브렉퍼스트 소시지 & 스파이시 소시지, 사러가마트 오리진 소시지 오리지널

키토 베이컨

베이컨은 염지하는 과정 중에 설탕이 들어가므로 설탕이 없거나 당함량이 낮은 제품을 고르세요.

[추천 제품] 코스트코 무설탕 저염 베이컨(빨간색), 사실주의 베이컨 무설탕 베이컨 & 바질 베이컨

키토 족발 & 순대

설탕, 화학첨가물, 캐러멜색소가 없는 저탄수 키토 족발입니다. 간단히 전자레인지에 데워먹을 수 있어 좋아요. 족발뿐만 아니라 설탕, 첨가물, 보존제, 색소, 전분, 당면이 없는 키토인을 위한 저탄수 순대도 있답니다.

[추천 제품] 케이에프 푸드 더 착한 순살족발, 엉클엉파 뼈없는 순살 돼지족발, 엄파 저탄고지 곤약 토종순대

치차론

돼지껍데기를 라드로 튀겨 만드는 멕시코 전통과자인 '지차론(chicharon)'은 저단고지를 시작하고 처음 알게 되었어요. 갈아서 튀김옷으로 사용하면 빵가루 입힌 것 못지 않게 맛있는 돈까스나 치즈스틱을 만들 수 있답니다.

[추천 제품] LCHF 연구소 돼지 껍데기 튀김과자(소프트)

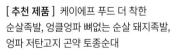

Tip 직장인 추천템 ② 키토 베이커리 & 온라인몰

키토 베이커리

제가 이용하는 키토베이커리를 소개할게요. 빵이나 디저트를 즐기는 편은 아니라서 가끔 견과류 키토빵(53쪽)을 만들거나 사먹어요. 단, 저탄수 키토빵이라고 해도 탄수화물과 감미료가 들어있기 때문에 식사 대용이나 매일 먹는 건 안됩니다.

- **써니브레드** : 감미료는 에리스리톨을 이용해요. 비건, 글루텐프리 제품 전문이지만 저탄수화물 케이크가 훌륭해요. 냉동실에서 꺼내 먹으면 빵또아 아이스크림 같은 느낌이에요.

- **키토익스프레스** : 감미료는 나한과를 사용해요. 정말 맛있는 카스테라가 있는 곳이에요. 식사 대용 피자빵도 있고 초코가 들어가는 빵류는 전부 맛있지요.

- **제로베이커리** : 감미료는 에리스리톨, 나한과 모두 사용해요. 전반적인 빵의 만족도가 좋아요. 브라우니, 글루텐프리 쌀식빵이 있어서 제 최애 키토빵집이에요.

- 그 외에 **무화당 베이커리, 뚜뚜네 제과점, 한나제과** 등등 키토 베이커리가 많이 생겨나고 있습니다. 본인에게 맞는 감미료(에리스리톨, 나한과, 알룰로스 등)를 사용하는 베이커리를 이용하는 것도 컨디션을 지키는 좋은 방법이에요.

키토식 배달 서비스

- **닥터밀로** : 클린키토를 위한 식단과 방탄스무디를 배송해줘요. 가격은 저렴하지 않지만 요리를 할 상황이 안된다면 가끔은 닥터밀로의 목적별 플랜을 이용해보세요.

- **키플** : 조리만 하면 되는 반조리 밀키트를 배송해줘요. 당뇨전문기업 닥터키친에서 만든 키토 밀키트 브랜드입니다. 간단한 조리이기 때문에 시간이 없을 때 이용해요.

온라인몰

- **키토몰** : 미국 직구사이트. 미국 키토제품 중에는 엉터리 성분으로 구성된 것들도 많아요. 그래서 미국을 더티키토의 성지라고 우스갯소리를 하기도 하죠. 키토몰은 키토식을 오랫동안 해온 분이 직접 운영하기 때문에 대체적으로 성분이 나쁘지 않은 제품들이 많아요. 그래놀라나 식사 대용 쉐이크 제품들 추천해요.

- **키토마켓** : 호주 키토제품 직구 사이트. 호주식 키토는 미국과는 다르게 클린한 제품들이 많고, 건강한 맛이 나요. 키토육포와 로카 크래커, 99th 몽키 땅콩버터를 추천해요.

- **키토테이블** : 국내 키토제닉 제품들을 모아놓은 종합 쇼핑몰. 세일도 자주하고 여러 제품을 한 사이트에서 볼 수 있어서 편리해요. 저탄고지 레시피도 제공한답니다.

지속 가능한 키토식을 위한 꿀팁

키토식을 유지하기 위해서는 외식을 최대한 자제하고 키토 집밥을 해먹는 것이 좋지요.
하지만 약속도 있고, 회식도 있고 매일 집밥으로 모든 끼니를 해결하기란 쉽지 않은 법.
이럴 때 어떻게 메뉴를 고르면 좋을지 알려드릴게요. 또한 키토인을 위한 좋은 탄수화물
고르는 법, 키토식으로 인해 생기는 문제들을 해결하는 법도 짚어드릴게요.

Tip 1 구내 식당에서 식사할 때는?

도시락을 준비할 수 없는 환경의 직장인이라면 구내식당을
적절하게 이용해야 해요. 우선 식판의 밥과 반찬 칸을
바꿔 음식을 담으세요. 밥 칸에는 드레싱이나 소스 없이
샐러드나 채소류를 가득 담고, 국 칸에는 국물보다 건더기를
넉넉히 담으세요. 반찬 칸에는 단백질 반찬(두부구이,
생선구이, 고기반찬), 나물을 듬뿍 담아요. 만약
제육볶음이나 불고기 등 당이 있는 고기반찬이 나왔다면
밥은 먹지 않고 채소를 밥 삼아 넉넉히 함께 먹습니다.
요즘은 건강을 위해 현미밥을 따로 마련해놓는 구내식당도
있으니 현미밥 1/3공기 정도 곁들여 먹는 건 괜찮아요.
찌개의 짠 국물은 밥을 먹고 싶게 만드니, 국물 말고
건더기만 드세요. 하루 한 끼를 이렇게 먹고
간식은 피하고 저녁만큼은 키토식으로 잘 챙겨 먹기,
잊지 마세요.

Tip 2 피할 수 없는 회식에서는?

키토인들이 선택하기 좋은 메뉴는 역시 고기.
특히 지방과 단백질 비율이 키토식에 제격인 삼겹살과
등심을 추천해요. 하지만 이 메뉴들만 고를 수는 없는 법.
아래에 팁을 드릴테니 참고하세요. 그리고 무엇보다
피해야할 것은 달달한 양념이에요. 매운맛이 나더라도
설탕이 많이 들어가거든요. 잘 모르겠다면 일단
한입 먹어보고 단맛이 나면 먹지 않는 것이 좋아요.

고깃집 키토 쌈장(35쪽)이나 들기름장(107쪽)을
만들어가서 고기에 마음껏 찍어 먹어요. 좀 극성이지만
고깃집 양념장에는 특히 당이 많기 때문이에요.
남들이 누룽지나 냉면 시킬 때 '식사 대신 달걀찜을
시켜달라'고 하세요. 혹 달달한 양념갈비가 회식 메뉴로
이야기된다면, 생갈비도 같이 하는 식당을 고르거나
육사시미를 공략해요.

횟집 키토 초고추장(35쪽), 키토 쌈장(35쪽)을 만들어가서 회를 맛있게 즐기세요. 매운탕이나 지리는 국물 말고 건더기 위주로 드세요. 애피타이저로 나오는 샐러드는 드레싱을 뿌리지 말고 달라고 하세요. 채소는 많이 먹을수록 좋아요.

족발 족발에 채소를 듬뿍 더해 쌈으로 승부하세요. 무말랭이는 당분 덩어리이니 먹지 말고, 양념은 심플하게 새우젓이나 준비해간 키토 쌈장(35쪽)을 곁들이세요.

치킨 전기구이 통닭이나 소금구이, 바비큐 스타일 또는 옛날통닭처럼 튀김옷이 얇은 치킨으로 고르세요.

삼계탕 찹쌀이나 녹두가 닭 뱃속에 있다면 빼고 살만 먹고, 국물은 조금만 드세요. 국물에 전분이 모두 녹아 있다는 사실, 기억하세요!

서양요리 코스 메뉴라면 대부분의 식당이 미리 물어보고 드레싱이나 설탕을 조정할 수 있어요. 특히 스테이크류를 공략한다면 정말 좋겠죠.

양꼬치 양꼬치도 양념이 발라진 곳이 많아요. 생양꼬치 전문점을 택하세요.

혹시나 당이나 탄수화물이 많이 들어있는 식사를 했다면?
당일, 혹은 그 다음 날에 꼭 유산소와 근력 운동을 해주는 것이 좋아요. 탄수화물 식사로 쌓인 글리코겐을 빠르게 소모시켜야 케톤을 에너지원으로 잘 활용하는 상태, 즉 케토시스에 다시 진입하기 쉬워지기 때문이에요.

Tip 3 건강한 탄수화물 고르는 법이 있다면?

단당류, 가공된 당류는 혈당을 빠르게 올려 인슐린을 자극하는 주범이에요. 하지만 건강한 탄수화물은 비교적 천천히 혈당을 올려요. 주로 뿌리채소와 천천히 소화, 흡수되는 곡류가 건강한 탄수화물에 속해요. 무, 단호박, 양파, 연근, 현미 등을 추천해요. 타이트한 키토식이 아니라면 평소에 현미밥 한 공기(150g)를 하루에 2~3번으로 나눠 먹어도 좋아요.

타이트한 키토식을 한다면 하루 20g 이하로 탄수화물을 섭취해야하죠. 이 양은 채소만으로 채워질 만큼 극히 적은 양이에요. 이때는 단백질과 지방을 많이 먹게 되는데요, 특히 단백질 소화를 위해 무리하게 일한 간을 쉬게 하기 위해 한 달에 한 번 정도는 '단단일(단백질 단식일)'을 하는 것이 좋아요. 이 날은 탄수화물+지방으로 구성한 식사를 하는 거예요. 이때 중요한 것이 앞서 이야기한 건강한 탄수화물 식품을 먹는 것이지요. 가장 추천하는 메뉴는 '가염버터를 올린 단호박찜(193쪽)'이에요. '단단일'이라고 떡볶이를 먹거나 파스타를 먹는 건 아니랍니다.

Tip 4

운동할 때 먹어도 되는 탄수화물이 있다면?

탄수화물 섭취를 줄였더니 운동시 무거운 기구를 드는 것도 힘들고, 근육도 잘 크지 않는다고 호소하는 경우가 많아요. 하지만 운동 초반에만 그렇지 키토식을 하면서도 근육은 늘어납니다. 그래도 탄수화물이 필요하다고 느껴진다면 아래의 두 방법을 알려드릴게요.

CKD(Cyclic keto diet : 순환식 키토식)

주 5일은
타이트한 키토식   +   주 2일은
탄수화물

주 5일은 타이트한 키토식을 하고 2일은 탄수화물을 먹는 방법이에요. 치팅을 위한 수단으로 이걸 이용하는 분들이 있는데 키토식을 하다가 급격하게 혈당을 올리는 떡볶이나 피자 같은 음식으로 탄수화물을 섭취하면 절대 안돼요! 인슐린 스파이크가 일어나 건강에 더 안좋기 때문이에요. 탄수화물 섭취는 일반적인 한식 식단으로 하고 그만큼 지방을 줄여 먹는 것이 가장 좋아요.

TKD(Targeted keto diet : 목표 지향 키토식)

운동 직전
소량의 탄수화물 섭취

운동 직전에 소모 가능한 소량의 탄수화물만 섭취하는 방법이에요. 혈당이 올라가도 운동을 하면서 근육이 소모하기 때문에 케토시스를 유지하면서 운동능력은 향상시킬 수 있어요. 바나나처럼 소화과정이 복잡하지 않아 빠르게 흡수되고 운동 에너지로 소모되는 탄수화물이 좋아요. 남편은 운동 30분 전에 아보카도 스무디(205쪽)에 바나나를 1/2~1개 정도 넣어 갈아먹거나, 시판 제품인 닥터밀로 스무디를 마셔요. 빵, 떡은 절대 안 돼요!

 Tip 5

케토플루와 케토래쉬 발생 시 진단 및 해결법은?

케토플루(keto flu : 몸살 증상)

식단을 아주 잘 지켰다는 전제하에 2주일 정도 되는 시점에 으슬으슬 감기가 온 것 같거나 이상하게 몸이 처지는 느낌, 잠이 오고 나른해지면 '케토플루'로 의심할 수 있어요. 케토시스에 진입하기 전에 몸이 적응하면서 나타나는 증상인데, 두통이 심하게 오는 경우도 있지요. 탄수화물은 나트륨을 잡고 있는 경향이 있는데, 몸속 탄수화물이 줄어들면서 나트륨이 같이 빠져나가 전해질 차이에서 오는 증상이라는 견해도 있어요. 이때는 미네랄이 많은 천연소금(또는 소금물)을 많이 먹어서 전해질 보충을 해주고 충분히 휴식하고 나면 회복돼요. 소금물은 많이 짜다 싶을 정도로 만들어 마시면 좋아요. 케토플루는 짧게는 하루, 길게는 한 달까지도 지속될 정도로 사람마다 천차만별인데요, 너무 힘들 경우 키토몰 사이트에서 판매하는 키토 전해질 보충제의 도움을 받아보는 것도 좋습니다. 참고로 저는 '개암 자죽염'이란 제품을 사탕처럼 입에 넣고 녹여 먹은 후 물 한 컵을 마셨어요.

케토래쉬(keto rash : 알러지 증상)

지방은 에너지 저장도 하지만 몸속 독소를 저장하는 역할도 해요. 키토식을 갑자기 시작하게 되면 지방이 타면서 독소가 배출되는데 간에서 해독할 수 있는 범위를 벗어날 정도로 배출될 경우에 '케토래쉬'가 생기기도 해요. 간지러움을 동반하고 흉터가 생길 수 있기 때문에 병원에서 히스타민제 처방을 받아 증상을 가라앉히는 것이 우선입니다. 이 경우에는 바로 키토식을 중단하고 건강한 탄수화물의 섭취를 늘리세요. 증상이 개선될 때까지는 아쉽지만 키토식은 잊어버리세요. 증상이 호전되어 다시 키토식을 시작하려면 당질제한식부터 서서히 탄수화물을 줄이면서 키토식에 진입하는 방법으로 시작하세요.

chapter 1

바쁜 평일에도
실천하기 쉬운 키토식

"평일에 퇴근해서 집에 오면 지쳐 요리할 여력이 남아있지 않을 때가 많아요.
외식이나 배달음식의 유혹이 크지만, 이때 무너지면 안 돼요. 그런 음식들은
대부분 탄수화물이나 당 성분이 많기 때문에 특히 저녁식사로는 피해야 해요.
저는 평일 키토식은 팬 하나로 휘리릭 만들어 후다닥 차릴 수 있는 메뉴들을
선택해요. 지방 비율에 집착하기보다 저탄건지(저탄수화물, 건강한 지방)에 초점을
맞춰 간편하게 요리하지요. 미리 식단을 짜고 장 봐서 식재료까지 손질해두면
평일 키토식 준비가 훨씬 쉬워지니, 여기 소개한 8주 식단을 활용하세요.
이때 만들어놓은 만능 키토 양념이나 소스 등이 있다면 큰 도움이 될 거예요.
밥 대신 곁들이는 사이드 메뉴들도 준비해놓은 것이 있다면 밥상을 더욱 풍성하게
차릴 수 있지요. 이번 챕터에 모두 모아 알려드렸으니 참고하세요.
여기서 잠깐! 이렇게 모두 준비해두면 편하겠지만, 그러지 않아도 괜찮아요.
소스, 곁들임, 식단 속 메뉴까지 바로 만들어도 시간이 오래 걸리는 것들은 아니니
부담 없이 평일 키토식을 실천하세요."

미리 만들어두면 유용한 만능 키토 양념 & 소스 & 드레싱

식탁을 더 풍성하게 해주는 밥 대용 곁들임 메뉴

평일 저녁, 팬 하나로 만드는 키토식 8주 식단

WEEKDAY

미리 만들어두면 유용한
만능 키토 양념 & 소스 & 드레싱

바쁜 평일, 미리 만들어둔 만능 키토 양념과 소스들만 있다면
어떤 요리든 후다닥 준비할 수 있어요.

무설탕 만능 새우젓 양념장

활용 수육이나 편육을 찍어 먹을 때,
김치찌개의 간을 맞출 때

재료(6~7회분 / 2~3주간 냉장 보관 가능)

새우젓 1/2컵(100g, 국물과 건더기 1:2 비율), 생수 1/2컵(100㎖),
고춧가루 1/2큰술, 다진 파 1큰술, 다진 마늘 1큰술,
다진 청양고추 1큰술, 통깨 1작은술, 참기름 1작은술

만들기

새우젓 건더기만 굵게 다진 후 모든 재료를 섞어
밀폐용기에 담는다. 먹을 만큼씩 덜어 먹고 냉장 보관한다.

와사비 간장소스

활용 고기나 생선 구이,
데친 해산물이나 생선회를 찍어 먹을 때

재료(2회분 / 비율대로 늘려 넉넉히 만들 경우 7일간 냉장 보관 가능)

간장 1작은술, 식초 1작은술, 레몬즙 1작은술, 생수 2작은술
와사비 1작은술(기호에 따라 가감)

만들기

모든 재료를 섞는다. 바로 만들어도 되고, 비율대로 분량을 늘려
넉넉히 만들어 밀폐용기에 담아 두고 덜어 먹어도 된다.

키토 고추장

활용 각종 요리의 기본 양념

재료(약 500㎖ 용기 1개 분량 / 2개월간 냉장 보관 가능)

고춧가루 약 1과 1/2컵(150g), 메주가루 1과 1/2큰술(20g),
간장 약 1/2컵(90g), 어간장 1/4컵(50g),
생수 1과 1/4컵(약 130g), 맛술 4큰술

만들기

1/ 큰 볼에 액체 재료(간장, 어간장, 생수, 맛술)를 섞는다.

2/ ①의 볼에 고춧가루, 메주가루를 넣고 되직해질 때까지 섞는다.

3/ 소독한 유리병(39쪽)이나 밀폐용기에 담아
   냉장실에서 1일간 숙성 시킨 후 먹는다.

키토 초고추장

활용 데친 해산물이나 생선회,
생채소 등을 찍어 먹을 때

재료(2~3회분 / 비율대로 늘려 넉넉히 만들 경우 1~2주간 냉장 보관 가능)

키토 고추장 3큰술, 화이트와인 식초 3큰술(기호에 따라 가감), 알룰로스 1큰술

만들기

모든 재료를 섞는다. 바로 만들어도 되고, 비율대로 분량을 늘려
넉넉히 만들어 밀폐용기에 담아 두고 덜어 먹어도 된다.
★ 좀 더 달달한 맛을 원하면 알룰로스 1작은술을 더 추가한다.
만든 후 하루가 지나면 좀 더 초고추장과 비슷한 농도로 만들어진다.

만능 키토 쌈장

활용 고기구이나 채소스틱을 찍어 먹을 때,
콜리플라워 라이스를 볶을 때

재료(2회분 / 비율대로 늘려 넉넉히 만들 경우 7일간 냉장 보관 가능)

된장 1큰술, 키토 고추장 1큰술, 다진 마늘 1/2큰술,
참기름 1/2큰술, 다진 청양고추 1/2큰술(기호에 따라 가감)

만들기

모든 재료를 섞는다. 바로 만들어도 되고, 비율대로 분량을 늘려
넉넉히 만들어 밀폐용기에 담아 두고 덜어 먹어도 된다.

고추장을 구매해서 사용할 경우 성분을 잘 보도록 하세요.
밀가루나 찹쌀가루 등 탄수화물 함량이 높은 제품은
피해주세요. 닥터키친의 빼당빼당 바른 고추장의 경우
국산 메주가루와 콩가루를 사용하고, 물엿이나 설탕 대신
알룰로스를 써서 당류도 낮춘 제품이라 추천합니다.

오리엔탈 드레싱

크림치즈 드레싱

씨겨자 마요 드레싱

시저 드레싱

디종 머스터드 드레싱

키토 드레싱 5가지

활용 오리엔탈 드레싱은 채소나 구운 버섯 샐러드의 드레싱으로,
크림치즈, 씨겨자 마요, 시저, 디종 머스터드 드레싱은
다양한 샐러드의 드레싱이나 고기나 생선구이 등을 찍어 먹을 때

재료(각 1회분 / 비율대로 늘려 넉넉히 만들 경우 7일간 냉장 보관 가능)

오리엔탈 드레싱
간장 1/2큰술, 올리브유 1과 1/2큰술,
레몬즙 1과 1/2작은술, 알룰로스 1과 1/2작은술, 통깨 약간

크림치즈 드레싱
크림치즈 1큰술, 플레인 요거트(또는 사워크림) 1큰술,
이탈리안 시즈닝 1/4작은술, 레몬즙 3/4작은술,
알룰로스 3/4작은술, 소금 1/4작은술, 후춧가루 1/4작은술

씨겨자 마요 드레싱
키토 마요네즈 1과 1/2큰술(39쪽), 홀그레인 머스터드 1/2작은술,
레몬즙 1/2작은술, 알룰로스 3/4작은술

시저 드레싱
치즈가루 1/2큰술(파르미지아노 레지아노나 그라나파다노 치즈 간 것),
올리브유 1큰술, 키토 마요네즈 1큰술(39쪽), 레몬즙 3/4작은술, 다진 마늘 1/3작은술

디종 머스터드 드레싱
키토 마요네즈 1큰술(39쪽), 디종 머스터드 1/2큰술, 레몬즙 3/4작은술,
알룰로스 1작은술, 소금 1/4작은술, 후춧가루 1/4작은술

만들기

각 드레싱에 들어가는 분량의 재료를 골고루 섞는다.
바로 만들어도 되고, 비율대로 분량을 늘려 넉넉히 만들어
밀폐용기에 담아 두고 덜어 먹어도 된다.

키토 마요네즈

스리라차 마요소스

와사비 마요소스

레몬 마요소스

키토 마요네즈

"시판 마요네즈는 정제오일, 대두유, GMO 오일 등을 사용하고 설탕도 많이 들어가기 때문에
키토식에 적합하지 않아요. 만드는 법이 어렵지 않으니, 직접 만들어서 사용해보세요."

재료(3~4회분 / 1~2주간 냉장 보관 가능)

달걀 2개, 디종 머스터드 2작은술, 알룰로스 1작은술, 소금 1/2작은술, 화이트와인 식초 2큰술,
엑스트라 버진 올리브유 1컵(또는 아보카도 오일, 200㎖)

만들기

1/ 긴 용기에 올리브유를 제외한 모든 재료를 담는다.
　　★ 긴 용기의 바닥 지름은 사용할 핸드블렌더의 머리 부분과 크기가 비슷한 것이 좋다.
　　너무 크면 잘 섞이지 않거나 분리가 되기 쉽기 때문이다.

2/ ①의 긴 용기를 비스듬히 기울인 후 안쪽 벽을 따라 올리브유를 살살 붓는다(사진 2-1).
　　이때, 서로 섞이지 않고 층이 생기도록 한다(사진 2-2).
　　올리브유를 다 넣은 후 바닥에 용기를 살살 세운다.

3/ 핸드블렌더를 넣고 용기 바닥에 붙인 후 움직이지 않고
　　그대로 2분간 뻑뻑한 질감이 느껴질 때까지 돌린다.
　　★ 수분과 기름이 충분히 섞이는 유화 과정이 잘 되어야
　　마요네즈가 분리되지 않으므로 절대 움직이지 않고 섞도록 한다.

4/ 핸드블렌더를 위아래로 살살 움직이면서 2분 정도 섞는다.
　　소독한 유리병 또는 밀폐용기에 담아 냉장 보관한다.

Tip

유리병 소독하기 / 큰 냄비에 유리병, 잠길 만큼의 찬물을 넣고
끓어오르면 중약 불에서 10분간 끓인다. 유리병을 건져 그대로 물기를 완전히 말린다.

오일 사용하기 / 올리브유나 아보카도 오일의 향이 부담스럽다면
올리브유를 1/2컵(100㎖)만 사용하고 나머지 1/2컵(100㎖)은 MCT오일을 섞어도 좋다.

키토 마요소스 3가지

활용 고기구이나 생선구이, 새우구이, 조개찜, 샤부샤부,
생채소, 구운 버섯 등을 찍어 먹을 때, 샐러드 드레싱으로

재료(1회분 / 비율대로 늘려 넉넉히 만들 경우 7일간 냉장 보관 가능)

스리라차 마요소스 키토 마요네즈 2큰술, 스리라차 소스 1/2큰술

와사비 마요소스 키토 마요네즈 2큰술, 레몬즙 1작은술, 와사비 1/2작은술

레몬 마요소스 키토 마요네즈 2큰술, 레몬즙 1작은술

만들기

각 마요소스에 들어가는 분량의 재료를 골고루 섞는다. 바로 만들어도 되고,
비율대로 분량을 늘려 넉넉히 만들어 밀폐용기에 담아 두고 덜어 먹어도 된다.

타르타르소스

활용 생선이나 해산물 구이나 튀김을 찍어 먹을 때,
특히 연어구이나 새우튀김에 추천

재료(3회분 / 비율대로 늘려 넉넉히 만들 경우 7일간 냉장 보관 가능)
다진 양파 2큰술, 다진 키토 오이피클 2큰술(26쪽),
다진 키토 할라피뇨피클 1큰술(26쪽), 삶은 달걀 다진 것 1개분,
키토 마요네즈 5큰술(39쪽), 레몬즙 1큰술, 알룰로스 1큰술,
말린 파슬리가루 1/4작은술, 소금 1/8작은술, 후춧가루 약간

만들기
소스에 들어가는 분량의 재료를 섞는다.
먹을 만큼씩 덜어 먹고 밀폐용기에 담아 냉장실에 보관한다.

투움바소스

활용 쇠고기 스테이크, 닭다리살구이,
버섯이나 시금치볶음 등의 소스

재료(4인분 / 비율대로 늘려 넉넉히 만들 경우 3일간 냉장 보관 가능)
생크림 2와 1/2컵(500㎖), 간장 1큰술, 쪽파 7줄기(또는 대파 1대),
고운 고춧가루 1작은술

만들기
1/ 쪽파는 씻어서 물기를 없앤 후 잘게 송송 썬다.
2/ 생크림, 간장, 쪽파를 섞어 냉장실에서 최소 15분 이상 숙성 시킨다.
  여기까지 만들어 보관한다.
3/ 고운 고춧가루는 소스에 섞지 않고 요리의 마지막에 더한다.

깻잎페스토

활용 채소, 구운 돼지고기, 해산물을 볶거나 구울 때,
키토빵 스프레드로

재료(9~10회분 / 1개월간 냉장 보관 가능, 3개월간 냉동 보관 가능)

깻잎 40장(약 75g), 마늘 5개, 잣 2과 1/2큰술(50g), 파르미지아노
레지아노치즈 간 것 4큰술(40g), 소금 1/4작은술, 올리브유 1컵(200㎖)

만들기

1/ 잣은 달군 팬에 넣고 중약 불에서 5분간 노릇해질 정도로
살짝 볶아 덜어두어 식힌다.

2/ 깻잎은 깨끗이 씻어 키친타월로 물기를 없앤 후
4등분으로 찢어둔다.

3/ 푸드프로세서에 모든 재료를 넣고 씹는 맛이 있도록 굵게 갈아준다.

와인소스

활용 찹스테이크, 함박스테이크 등 모든 고기요리의 소스

재료(4인분 / 20분 / 비율대로 늘려 넉넉히 만들 경우 1개월간 냉장 보관 가능)

레드와인 1과 1/2컵, 토마토홀 120g, 토마토 페이스트 1큰술(20g),
마늘 4쪽, 월계수잎 2장, 와인식초 1큰술, 알룰로스 1큰술,
가염버터 100g(약 10큰술), 통후추 1/2작은술

만들기

1/ 소스 팬(또는 냄비)에 모든 재료를 넣고 센 불에서 끓인다.

2/ 끓기 시작하면 약한 불로 줄여 분량이 반 정도로 줄어들 때까지
약 10~15분간 저어가며 끓인다.

3/ 월계수잎을 건지고 핸드블렌더로 곱게 간다. 뜨거울 때 소독한
유리병(39쪽)에 담고 한김 식힌 후 냉장 보관한다.
★ 버터가 많이 들어가는 레시피이다보니 냉장 보관 후에는
소스가 고추장 정도의 질감으로 굳어진다.
★ 뜨거울 때 소독한 유리병에 담은 후 한김 식혀 냉장 보관하면 진공 효과가
생긴다. 보관 후 처음 사용시 뚜껑을 열면 뻥 소리가 날 수 있다.

청양 라구소스

활용 채소볶음, 오믈렛, 스크램블에그, 그라탱 등

재료(4인분 / 2시간 / 비율대로 늘려 넉넉히 만들 경우
2주간 냉장 보관 가능, 1개월간 냉동 보관 가능)

다진 쇠고기 1kg, 양파 1개, 마늘 2쪽, 청양고추 3개,
레드와인 1/2컵(100㎖), 토마토홀 1개(800g), 토마토 페이스트 4큰술,
월계수잎 3장, 이탈리안 시즈닝 1/2작은술, 크러시드페퍼 1/2작은술,
소금 1/2작은술, 버터 80g(약 8큰술), 올리브유 약간

1/

양파, 마늘, 청양고추는 잘게 다진다.

2/

달군 냄비에 올리브유를 두르고
다진 쇠고기를 넣어 센 불에서 핏기가
사라질 때까지 4~5분간 볶는다.

3/

레드와인을 넣고 4분간 더 볶는다.
양파, 마늘, 청양고추, 토마토홀, 토마토 페이스트를
모두 넣고 주걱으로 으깨가며 센 불에서 끓인다.

4/

끓어오르면 중약 불로 줄인 후 월계수잎,
이탈리안 시즈닝, 크러시드페퍼, 소금을 넣는다.
1~2시간 정도 물기가 거의 없고
뻑뻑해질 때까지 중간중간 저어가며 끓인다.

5/

불을 끄고 뜨거울 때 버터를 넣어 저어가며 녹인다.

6/

뜨거울 때 소독한 유리병(39쪽)에 넣고 한김
식힌 후 냉장 보관한다. 냉동 보관했을 경우 하루
전날 냉장실에서 해동한다. ★ 뜨거울 때 소독한
유리병에 담은 후 한김 식혀 냉장 보관하면 진공
효과가 생긴다. 보관 후 처음 사용시 뚜껑을 열면 뻥
소리가 날 수 있다.

식탁을 더 풍성하게 해주는
밥 대용 곁들임 메뉴

밥 없이 즐기는 키토식이다보니 가끔 곁들임이 생각날 때가 있지요.
그때 함께 더하면 식탁이 더욱 풍성해지는 메뉴입니다.

부추 치커리 무침

"고기에 곁들이는 메뉴예요. 부추, 치커리는
구입 후 바로 씻고 물기를 뺀 후 먹기 좋게 썰어
밀폐용기에 담아두면 필요한 때에 바로 활용할 수 있지요.
샐러드 스피너나 채소탈수기를 활용하면
물기 없애기가 훨씬 수월하답니다."

재료(2인분 / 5분)
부추 1줌(50g), 치커리 1줌(또는 다른 잎채소, 50g),
양파 1/8개(생략 가능)
양념 고춧가루 1큰술, 간장 1큰술, 식초 1큰술,
알룰로스 1/2큰술, 어간장 1작은술, 참기름 1작은술, 통깨 약간

만들기
1/ 부추, 치커리는 한입 크기로 썬다.
   양파는 채 썬다.
2/ 큰 볼에 모든 양념 재료를 넣고 골고루 섞은 후
   부추, 치커리, 양파를 넣어 살살 버무린다

현미곤약밥

① 실곤약면

② 굵은 곤약면

곤약밥과 면

"구약나물의 알줄기를 가공해 만드는 곤약은 저칼로리,
저당 식품이에요. 시중에는 곤약으로 만든 다양한 제품이 많은데요,
물에 헹구기만 하면 되는 면이나 전자레인지에 데우면 되는
즉석밥이 그러한 것들이지요. 사용이 편리해서 넉넉히 사두고
활용한답니다. 곤약 특유의 향이 부담된다면 끓는 물에 살짝
데쳐 먹거나, 현미곤약밥이나 메밀곤약면처럼 다른 재료와 섞여 있는
것을 활용하세요. 저항성전분(칼로리가 낮고 흡수가 잘 되지 않는
전분)이 많은 도담쌀로 만든 밥이나 면 제품을 이용해도 좋아요."

곤약 제품별 추천 활용법
① 실곤약면 : 소면처럼 국수에 활용
② 굵은 곤약면 : 우동이나 칼국수처럼 활용. 전골의 사리로도 추천
③ 메밀곤약면 : 메밀국수처럼 활용. 개인적으로 가장 추천
④ 도담쌀 곤약면 : 곤약면 중에서 가장 면의 식감과 가까우나
   쌀이 함유되어 있기에 탄수화물 함량이 높은 편

③ 메밀곤약면

대파 콜리볶음밥

콜리플라워 라이스
시판 냉동 제품. 콜리플라워를 밥알 크기로 잘게 다져
직접 만들어도 된다. 다양한 채소를 섞어도 좋다.

매쉬드 콜리

콜리플라워 치즈구이

대파 콜리볶음밥

"국이나 찌개 메뉴를 먹을 때면 밥이 가끔 생각날 때가
있어요. 그때 함께 먹으면 딱 좋은,
밥과 아주 비슷한 식감의 곁들임이에요."

재료(2~3인분 / 15분)
콜리플라워 라이스 1봉지(340g, 직접 다진 생 것도 가능),
대파 1대(25~30cm), 올리브유 2큰술, 소금 1/4~1/3작은술

만들기
1/ 대파는 얇게 송송 썬다.

2/ 달군 팬에 올리브유를 두르고 대파를 넣어
　　약한 불에서 3~5분간 볶아 파기름을 충분히 낸다.

3/ 냉동 상태의 콜리플라워 라이스를 넣고 뭉친 부분을
　　풀어주면서 센 불에서 6~8분간 물기가 날아가고,
　　고슬고슬해질 때까지 볶는다. 소금으로 부족한 간을 더한다.
　　★ 고슬고슬하게 충분히 볶아야 콜리플라워 특유의
　　비린내가 나지 않는다.

콜리플라워 치즈구이

"고기나 생선요리 등 메인요리만 먹기 허전할 때
곁들이기 좋은 메뉴예요. 콜리플라워만 미리 손질해
냉장실에 넣어두면 언제든지 손쉽게 만들 수 있지요."

재료(3~4인분 / 40분)
콜리플라워 1개(약 400g), 소금 1/8작은술, 후춧가루 1/4작은술,
녹인 버터(또는 올리브유) 4큰술, 카옌페퍼가루 1/4작은술,
스모크드 파프리카가루 1/2작은술(26쪽),
파르미지아노 레지아노치즈 간 것 50g + 20g

만들기
1/ 콜리플라워는 한 송이씩 떼서 씻은 후 체에 받쳐 물기를 뺀다.

2/ 볼에 모든 재료(치즈 간 것은 50g만)를 넣고 섞는다.
　　오븐은 220℃로 예열한다.

3/ 오븐 팬에 종이포일을 깔고 ②를 펼쳐 담는다.

4/ 치즈 간 것(20g)을 더 뿌린 후 220℃로 예열한 오븐에서
　　20분간 노릇하게 굽는다. ★ 에어프라이어에서 구워도 된다.

Tip 카옌페퍼가루 생략하기

카옌페퍼가루를 생략할 경우 재료의 스모크드 파프리카가루
분량을 1작은술로 늘린다.

매쉬드 콜리

"키토식에서는 매쉬드 포테이토 대신 매쉬드 콜리를
먹지요. 넉넉히 만들어 냉장실에 넣어두고
다양한 메뉴에 곁들여 즐기세요."

재료(6인분 / 30분 / 4일간 냉장 보관 가능)
냉동 콜리플라워 1개(600g), 크림치즈 50g,
버터 2큰술, 다진 마늘 1작은술, 소금 1/4작은술, 후춧가루 약간

만들기
1/ 내열용기에 냉동 콜리플라워를 넣고 뚜껑을 덮어
　　전자레인지에서 7~10분간 익힌다.

2/ 작은 내열용기에 버터와 다진 마늘을 넣고 전자레인지에서
　　30초를 돌린 후 꺼내 섞는다. 다시 전자레인지에서 30초간
　　돌린다. 이 과정을 1~2번 정도 더 반복해 버터를 완전히 녹여
　　마늘버터를 만든다.

3/ 큰 그릇에 익힌 콜리플라워, 마늘버터, 크림치즈, 소금,
　　후춧가루를 넣고 핸드블렌더로 곱게 간 후 주걱으로 섞는다.
　　★ 기호에 따라 다진 허브나 파프리카가루를 뿌려도 좋다.

냉동 콜리플라워를 생 콜리플라워로 대체하기

콜리플라워 1송이(약 400g)는 한 송이씩 떼서 끓는 물에 넣고
센 불에서 끓어오르면 10분간 삶는다.
체에 받쳐 물기를 최대한 없앤다. 과정 ②부터 진행한다.

모둠 채소구이

"스테이크나 다양한 고기요리에 곁들이는 메뉴예요.
채소만 구워 키토 마요네즈(39쪽)나 기름장에 찍어
먹어도 맛있지요."

재료(2~3인분 / 25분)
가지 작은 것 1개, 애호박 1/2개(또는 주키니 1/3개),
빨간 파프리카 1/4개, 노란 파프리카 1/4개, 양파 1/2개,
그린빈 10개
양념 말린 타임 1/2큰술, 말린 로즈마리 1/2큰술, 다진 마늘 1큰술,
올리브유 3큰술, 화이트 발사믹식초 1큰술, 소금 1/2작은술
(기호에 따라 가감), 통후추 간 것 1/2작은술, 크러시드페퍼 1작은술

만들기

1/ 가지, 애호박, 파프리카, 양파는 한입 크기로 썬다.
그린 빈은 꼭지만 떼어낸다. 오븐은 170℃로 예열한다.

2/ 오븐 팬이나 에어프라이어 용기에 종이포일을 깔고
모든 채소를 담는다.

3/ 양념 재료를 모두 섞은 후 버무린다.

4/ 170℃로 예열한 오븐 또는 에어프라이어에서
30~35분간 노릇하게 굽는다.

Tip

다른 채소 활용하기 / 채소는 단단하고 수분이 적은 것이라면
무엇이든 활용 가능. 아스파라거스를 특히 추천.

밀가루 없는 양배추전

"전분 없이 만드는 전이기 때문에 뒤집을 때
부서질 수 있으니 주의하세요.
이 메뉴는 한식 국물요리에 특히 잘 어울린답니다."

재료(1인분 1장 / 10분)

양배추 3장(손바닥 크기, 약 100g), 달걀 2개,
올리브유(또는 라드) 1큰술, 소금 1/4작은술

만들기

1/ 양배추는 씻어서 물기를 없앤 후 최대한 가늘게 채 썬다.

2/ 볼에 달걀을 푼 후 ①을 넣고 골고루 섞는다.

3/ 달군 팬에 올리브유를 두른 후 ②을 펼쳐 넣고
약한 불에서 6~8분간 앞뒤로 뒤집어가며 노릇하게 부친다.

Tip 양배추 손질해 보관하기

양배추를 사면 일부는 깍둑 썰고, 일부는 채칼로 썰어 밀폐용기에
담은 후 냉장 보관한다. 단, 채소탈수기로 물기를 완전히 빼고
보관용기에 넣어두거나, 최대한 물기를 털어낸 후 키친타월로 감싸
넣어두어야 싱싱하게 보관할 수 있다. 7~10일간 냉장 보관 가능.

①

②

방울토마토 마리네이드

"고기나 크림이 들어가는 음식을 먹을 때 함께 먹으면
입안이 깔끔해지는 메뉴예요. 부라타 치즈를 곁들여도
잘 어울리지요. 생바질로 만들면 더 맛있답니다."

재료(2인분 / 15분 + 숙성 시키기 1일)

방울토마토 20~25개(약 300g), 다진 양파 1과 1/2큰술

양념 화이트 발사믹식초 1큰술, 레드 발사믹식초 1/2큰술,
식초 1큰술, 올리브유 2큰술, 말린 바질 1/2작은술, 소금 1/4작은술

만들기

1/ 방울토마토는 꼭지 반대편에 열십(+) 자로 칼집을 낸다.

2/ 끓는 물에 넣고 5초간 데친다. 건져서 찬물에 담가
    칼집낸 부위에 살짝 일어난 껍질을 잡아 벗긴다.

3/ 큰 볼에 양념 재료를 넣고 섞은 후
    방울토마토, 다진 양파를 버무린다.

4/ 밀폐용기에 담아 냉장실에서 1일간 숙성 시킨다.

Tip 한 가지 발사믹식초만 사용하기

두 가지 발사믹식초를 함께 쓰면 더 맛있지만, 두 가지 중
하나만 써도 된다. 화이트 발사믹식초만 사용하면 깔끔한 맛을,
레드 발사믹식초만 사용하면 묵직한 맛을 낼 수 있다.

당근라페

"미리 넉넉히 만들어두고 피클이나 김치처럼 함께 먹으면 돼요. 키토 김밥(144쪽)을 준비하거나 견과류 키토빵(53쪽)으로 샌드위치 만들 때 속재료로 활용하기에 제격인 메뉴랍니다."

재료(2인분 / 15분 + 재우기 30분)

당근 1개(200g), 레몬즙(또는 식초) 1큰술, 홀그레인 머스터드 1/2큰술, 올리브유 2큰술, 소금 1/4작은술, 후춧가루 1/4작은술

만들기

1/ 당근은 필러, 채칼, 스파이럴라이저, 칼 등으로 최대한 얇게 썬다.

2/ 달군 팬에 기름을 두르지 않고 당근을 넣어 센 불에서 1분간 살짝 숨이 죽을 정도만 볶은 후 불을 끈다.

3/ 나머지 재료를 모두 넣어 섞은 후 밀폐용기에 담아 30분 이상 냉장고에 둔다. 바로 먹어도 되고, 1일 정도 냉장 숙성 시킨 후 먹으면 더 맛있다.

③

④

두툼 달걀말이

"단독으로도 맛있고 든든한 메뉴예요. 김치찌개나
등갈비 김치찜 등 매콤한 한식에 곁들이면 더 맛있죠.
특히 김치찌개에 달걀말이, 김을 곁들이면 맛있는
기사식당 삼합 느낌! 생크림은 생략 가능하지만 넣으면
두툼하게 부푼 달걀말이를 만들 수 있어요."

재료(1인분 / 15분)

달걀 4개, 생크림 1/4컵(50㎖), 다진 파 2큰술,
어간장 1작은술(또는 소금 1/3작은술), 올리브유 1큰술

만들기

1/ 볼에 달걀을 푼 후 생크림, 다진 파, 어간장을 섞는다.

2/ 달군 팬에 올리브유를 두르고 ①의 일부만 부어
   얇게 펼쳐 약한 불에서 익힌다.

3/ 윗면이 익기 전 촉촉할 때 두 개의 뒤집개로 돌돌 만다.

4/ 팬의 빈 공간에 다시 반죽을 일부만 부어 얇게 펼친다.
   말아진 달걀을 살짝 들어 아랫부분에 반죽이 흘러가게 한다.

5/ 같은 방식으로 윗면이 익기 전 촉촉할 때 돌돌 만다.
   3~4회를 반복해 두툼한 달걀말이를 만든다.
   ★ 키토 토마토케첩(26쪽)과 키토 마요네즈(39쪽)를
   곁들여도 좋다.

견과류 키토빵

"자주 만들어 먹는 키토빵이에요. 어느 날 아몬드가루가 부족해서
집에 있는 견과류를 대충 갈아 넣어 만들었는데 오히려 씹히는 식감 덕분에
더 맛있더라고요. 달걀마요샐러드나 감바스를 얹어 먹으면 잘 어울려요."

재료(6개 / 35분 / 7일간 냉장 보관 가능)

아몬드가루 50g, 굵게 다진 견과류 50g(피칸 20g + 호두 20g + 호박씨 10g),
차전자피가루 24g, 베이킹파우더 5g, 달걀 2개(약 100~106g), 물 80g, 소금 1/3작은술

만들기

1/ 아몬드가루, 굵게 다진 견과류, 차전자피가루, 베이킹파우더를 큰 볼에 넣는다.

2/ 다른 볼에 달걀, 물, 소금을 넣고 섞는다.
   오븐은 170℃로 예열한다.

3/ ①과 ②를 골고루 섞은 후 대강 6등분으로 나눈다.

4/ 손으로 동글동글하게 빚는다. ★ 반죽이 질척이는 편이다.

5/ 오븐 팬에 종이포일을 깔고 ③을 올린 후 170℃로 예열한 오븐에서
   젓가락으로 찔렀을 때 반죽이 묻어나오지 않을 때까지 25~30분간 굽는다.

③

④

Tip 차전자피가루 이해하기

'차전초'라고 불리는 초록식물 질경이 씨앗의 껍질을 가루로 만든 것. 키토 베이킹에서 자주
사용한다. 물과 만나면 수분을 머금고 부풀어 오르는 특성이 있으므로 키토빵에는
꼭 넣어야 할 재료. 거의 식이섬유로 이루어져 있어 탄수화물 함량은 정말 낮은 편.
덕분에 식이섬유가 아주 풍부해 장 건강에도 좋다고 알려져 있다.
'소스내추럴스 실리엄 허스크 파우더(직구로 구매 가능)' 제품을 추천.

1

평일 저녁, 팬 하나로 만드는 키토 식단

월 — **와인소스 찹스테이크**
쇠고기, 채소, 버섯을 풍미 좋은 와인소스에
휘리릭 볶은 메뉴

화 — **떠 먹는 키토피자**
No 밀가루! 단호박, 치즈, 청양 라구소스가
어우러진 별미

수 — **칠리버터 새우덮밥**
곤약밥이나 콜리플라워 라이스에 매콤새콤하게
볶은 새우를 올려 먹는 키토 덮밥

목 — **콩나물 오삼불고기쌈**
일명 콩불. 삼겹살에 오징어, 콩나물 등을 넣고
매콤하게 볶아 쌈 싸 먹는 메뉴

금 — **양송이 감바스와**
견과류 키토빵
새우 대신 양송이버섯과 치즈를 넣은 감바스에
견과류 키토빵을 곁들인 메뉴

장보기 * 없는 재료만 체크해서 구매하세요.

🥩 고기 & 해산물

- ☐ 쇠고기 안심 400g
  (또는 쇠고기 등심, 부채살)
- ☐ 삼겹살 500g
- ☐ 냉동 생새우살(킹사이즈) 20마리
- ☐ 냉동 손질 오징어 1마리

🍄 버섯 & 채소

- ☐ 새송이버섯 2개(또는 양송이버섯 10개)
- ☐ 양송이버섯 12개
- ☐ 양파 1과 1/2개
- ☐ 피망(또는 파프리카) 1과 1/2개
- ☐ 단호박 약 1/2개(400g)
- ☐ 콩나물 1봉지(350g)
- ☐ 쌈채소 넉넉히
- ☐ 다진 청양고추 1~2개
- ☐ 대파 1대
- ☐ 마늘 10쪽

🥒 가공품 & 기타

- ☐ 키토 소시지 90g
  (27쪽, 또는 페퍼로니, 살라미, 초리소)
- ☐ 그린올리브 15~16개(또는 블랙올리브)
- ☐ 피자치즈 1컵
- ☐ 만체고 치즈 2조각
  (또는 파르미지아노 레지아노치즈)
- ☐ 파르미지아노 레지아노치즈 간 것 1~2큰술

🍶 양념류

- ☐ 올리브유
- ☐ 버터
- ☐ 소금
- ☐ 후춧가루
- ☐ 다진 마늘
- ☐ 고춧가루
- ☐ 간장
- ☐ 식초
- ☐ 키토 토마토케첩(26쪽)
- ☐ 알룰로스
- ☐ 술(소주나 청주) 2큰술
- ☐ 어간장
- ☐ 참기름
- ☐ 키토 고추장(35쪽)
- ☐ 스모크드 파프리카가루
  (26쪽, 생략 가능)
- ☐ 말린 파슬리가루
- ☐ 페페론치노 4개
  (또는 매운 말린 고추 1개)

◎◎ 미리 만들어두는 소스와 곁들임 메뉴

- ☐ 와인소스 5~7큰술(41쪽)
- ☐ 청양 라구소스 약 3/4컵
  (150g, 42쪽)
- ☐ 대파 콜리볶음밥 1공기
  (47쪽, 또는 현미곤약밥)
- ☐ 견과류 키토빵 적당량(53쪽)

밀프렙하기

1/ 고기는 2일내 먹을 것을 제외하고는
   바로 냉동시킨다.
   요리 전날 냉장실로 옮기거나,
   요리 전 전자레인지로 해동시킨다.
   해동 후 키친타월로 감싸 꼭꼭 눌러
   핏물을 최대한 없앤 후 요리한다.

2/ 냉동 손질 오징어는 전날 냉장실에
   넣어두거나 요리 전 비닐째 찬물에
   담가 살짝 말랑해질 때까지 해동한다.
   냉동 새우는 찬물에 10분간 담가
   해동한다.

3/ 채소는 미리 씻어 물기를 없앤 후
   요리별로 나눠 담아둔다.

4/ 여러 가지 재료를 섞는 양념은
   미리 섞어두면 편하다.

와인소스 찹스테이크

"간단하게 볶기만 하는 메뉴라서 바쁜 평일 저녁에 자주 만들어요.
푸짐해서 먹고 나면 속도 든든하지요. 미리 만들어둔 와인소스가 없다면,
먼저 소스부터 불에 올려놓고 재료를 손질하세요."

재료(2인분 / 20분)
- 쇠고기 안심 400g
  (또는 쇠고기 등심, 부채살)
- 새송이버섯 2개
  (또는 양송이버섯 10개)
  ★ 채소와 버섯은 다양하게 대체 가능
- 피망 1개(또는 파프리카)
- 양파 1개
- 와인소스 5~7큰술(41쪽)
- 올리브유 2큰술

밑간
- 올리브유 1큰술
- 소금 1/4작은술
- 후춧가루 약간

재료 손질하기

1/ 와인소스(41쪽)를 준비한다.
2/ 쇠고기는 한입 크기로 큼직하게 썰어 밑간 재료와 버무린다.
3/ 새송이버섯, 피망, 양파는 한입 크기로 큼직하게 썬다.

완성하기

4/

달군 팬에 올리브유를 두르고
쇠고기를 넣어 센 불에서 5~7분간
육즙이 빠지지 않게 돌려가며
겉면을 익힌다.
★ 고기 두께에 따라 굽는 시간을
조절한다.

5/

고기가 반 정도 익으면 새송이버섯,
피망, 양파를 넣고 1분간 볶는다.

6/

와인소스를 넣고 중간 불에
5~7분간 골고루 볶는다.

떠 먹는 키토 피자

"밀가루 도우가 없어도 충분히 피자 맛을 즐길 수 있어요. 저는 주말에 청양 라구소스(42쪽)도
넉넉히 만들어두고, 익힌 단호박을 큐브 모양으로 썰어 미리 냉동해둬요. 이들을 활용하면
20분 안에 후다닥 만들 수 있죠. 도시락으로 준비하는 방법도 팁에서 소개했으니 활용하세요."

재료(1인분 / 25분 + 소스 만들기)

- 단호박 약 1/2개(400g)
- 청양 라구소스 약 3/4컵
  (150g, 42쪽)
- 키토 소시지 50g(27쪽,
  또는 페페로니나 살라미, 초리소)
- 피망 1/2개
- 그린올리브 3~4개(또는 블랙올리브)
- 피자치즈 1컵

단호박 넉넉히 쪄서 냉동 보관하기
단호박을 익힌 후 큼직하게 썰어
넓은 쟁반에 펼쳐 담아 냉동한다.
다 얼었으면 지퍼백에 옮겨 담아
보관한다. 필요한 분량만큼 미리
꺼내 냉장실에서 해동하거나,
전자레인지에서 해동시켜 쓰면 된다.

도시락으로 준비하기
내열용기에 과정 ⑥까지 진행한 후
익히지 않고 그대로 가져간다.
먹기 전에 뚜껑을 열어 살짝 걸쳐놓고
전자레인지에서 3~4분간 익힌다.

재료 손질하기

1/ 청양 라구소스(42쪽)를 준비한다. 조리시간이 오래 걸리니 미리 만들어둔다.
2/ 단호박은 깨끗이 씻어 씨를 없앤 후 김이 오른 찜기에서 15~20분간
   젓가락으로 찔렀을 때 쉽게 들어갈 때까지 찐다. 한김 식힌 후 큼직하게 썬다.
   ★ 단호박을 내열용기에 담고 뚜껑을 덮은 후 전자레인지에서 5~7분간 익혀도 된다.
3/ 소시지, 피망, 그린올리브는 사진처럼 얇게 썬다. 피자치즈를 준비한다.

완성하기

4/
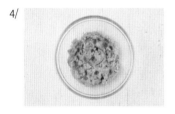
익힌 단호박의 껍질을 벗긴 후 으깬다.
★ 오븐은 180℃로 예열한다.

5/

내열접시에 익힌 단호박 →
피자치즈(1/2컵) 순으로 펼쳐 올린 후
청양 라구소스를 골고루 올린다.

6/

피자치즈(1/2컵) → 소시지 →
피망, 그린올리브 →
피자치즈(2~3큰술)를 골고루 올린다.

7/

180℃로 예열한 오븐(또는
에어프라이어)에서 12~15분간
치즈가 노릇하게 될 때까지 굽는다.
★ 전자레인지에서 3~4분간 익혀도
된다.

칠리버터 새우덮밥

"지치기 쉬운 수요일에는 입맛 확 당기는 덮밥 스타일의 키토식을 추천해요.
맛도 비주얼도 일반식 못지않게 입에 착 감기는 메뉴지요. 현미곤약밥이나 대파 콜리볶음밥
모두 어울리고요, 구운 채소나 샐러드와 함께 새우요리만 먹어도 맛있어요."

재료(2인분 / 20~30분)
• 냉동 생새우살(킹사이즈) 20마리
• 다진 마늘 1큰술
• 올리브유 1큰술
• 버터 3큰술(30g)
• 대파 콜리볶음밥 1공기
  (47쪽, 또는 현미곤약밥)

소스
• 고춧가루 1큰술
• 간장 1큰술
• 식초 2큰술
• 키토 토마토케첩 2큰술(26쪽)
• 알룰로스 1/2큰술(기호에 따라 가감)
• 후춧가루 1/8작은술

재료 손질하기

1/ 대파 콜리볶음밥(47쪽)을 준비한다.
2/ 새우는 찬물에 10분간 담가 해동한 후 물기를 뺀다.
3/ 모든 소스 재료를 섞는다.

완성하기

달군 팬에 올리브유를 두르고
다진 마늘을 넣어 약한 불에서
1분간 볶아 마늘기름을 낸다.

5/

새우를 넣고 중간 불에서 2~3분간
뒤집어가며 앞뒤로 붉은색이
될 때까지 익힌다.

6/

소스를 넣고 버무려 물기가 약간
졸아들 때까지 약한 불에서
뒤집어가며 2~3분간 볶는다.

7/

불을 끄고 버터를 넣고 섞는다.
대파 콜리볶음밥에 올려 먹는다.

콩나물 오삼불고기쌈

"삼겹살구이에 지쳤다면 쫄깃한 오징어, 아삭한 콩나물, 달달한 양파를 넉넉히 넣고
매콤하게 볶은 콩불 어떠세요? 쌈채소에 싸 먹으면 한국인이 가장 좋아하는 맛이 되지요.
저는 깻잎을 좋아해 깻잎과 함께 즐겨 먹는답니다."

재료(2인분 / 30분)

- 삼겹살 500g
- 냉동 손질 오징어 1마리
- 콩나물 1봉지(350g)
- 양파 1/2개
- 대파 1대
- 술(소주나 청주) 2큰술
- 올리브유 1큰술
- 참기름 1/2큰술(또는 생들기름)
- 쌈채소 넉넉히

양념

- 고춧가루 3큰술
- 다진 마늘 1큰술
- 간장 1큰술
- 어간장 1큰술
- 키토 고추장 2큰술(35쪽)
- 알룰로스 1~1과 1/2큰술
- 다진 청양고추 1~2개
  (기호에 따라 가감)

재료 손질하기

1/ 냉동 손질 오징어는 전날 냉장실에 넣어두거나 요리 전 비닐째 찬물에 담가 살짝
  말랑해질 때까지 해동한다. 씻어서 몸통은 1.5cm 두께로, 다리는 5~6cm 길이로 썬다.
  키친타월에 올려 물기를 최대한 없앤다.

2/ 삼겹살은 한입 크기로 썬다.

3/ 콩나물은 씻어서 물기를 뺀다.

4/ 양파는 1cm 두께로 채 썰고, 대파는 어슷 썬다.

5/ 모든 양념 재료를 섞는다.

Tip 오징어를 삼겹살로 대체하기

오징어를 생략하고 대신 삼겹살의 양을
700~800g 정도로 늘려서 만들어도
좋다.

완성하기

6/

달군 팬에 올리브유를 두른 후
삼겹살을 넣고 센 불에서 볶는다.
고기가 익은 색을 띠기 시작하면 술을
넣고 모두 익은 색이 될 때까지 볶는다.

7/

콩나물, 양파, 대파(1/2분량만),
양념을 넣고 중간 불에서
2~4분간 골고루 볶는다.

8/

오징어를 넣고 익을 때까지
중간 불에서 2~4분간 볶는다.

9/

마지막에 남은 대파, 참기름을 넣고
골고루 섞은 후 불을 끈다.
쌈채소를 곁들인다.

금
요
일

양송이 감바스와 견과류 키토빵

"제가 좋아하는 스페인 음식점에서는 감바스에 새우를 넣지 않고 버섯으로만 요리하는데 정말 별미더라고요! 최대한 비슷하게 따라 해봤습니다. 여기에 견과류 키토빵을 곁들여 먹으면 정말 든든하지만 없다면 생략해도 돼요."

재료(2인분 / 20분)

• 양송이버섯 12개
• 키토 소시지 40g(27쪽,
  또는 페페로니나 살라미, 초리소)
• 그린올리브(또는 블랙올리브) 12개
• 마늘 10쪽(약 30g)
• 페페론치노 4개(또는 말린 고추 1개)
• 올리브유 3/5컵(150㎖)
• 소금 1/2~3/4작은술
  (기호에 따라 가감)
• 만체고치즈 2조각
  (또는 파르미지아노 레지아노)
• 파르미지아노 레지아노치즈 간 것
  1~2큰술
• 스모크드 파프리카가루 약간
  (26쪽, 생략 가능)
• 말린 파슬리가루 약간
• 견과류 키토빵 적당량(53쪽)

재료 손질하기

1/ 견과류 키토빵(53쪽)을 준비한다.
2/ 양송이버섯은 키친타월에 물을 묻힌 후 닦는다.
  ★ 버섯류는 스펀지 조직이라서 물을 흡수할 수 있으니 물 묻힌 키친타월로
  꼼꼼히 닦아주거나, 흐르는 물에 재빨리 헹군 후 물기를 닦아준다.
3/ 소시지는 사방 0.5cm 크기로 썬다.
4/ 그린올리브는 3등분으로 슬라이스한다.
5/ 마늘은 0.5cm 두께로 편 썬다.
6/ 만체고치즈와 파르미지아노 레지아노치즈를 준비한다.

완성하기

7/

살짝 달군 냄비에 올리브유, 마늘,
페페론치노를 넣고 약한 불에서
1~2분간 볶아 마늘기름을 낸다.

8/

마늘향이 나기 시작하면 소시지,
그린올리브를 넣고 2분간 끓인다.

9/

양송이버섯을 넣고 4~6분간
뒤집어가며 끓여 겉면이 익으면
소금으로 간한다.

10/

그릇에 담아 만체고치즈를 굵게
찢어 올린 후 파르미지아노
레지아노치즈를 뿌린다. 스모크드
파프리카가루, 말린 파슬리가루를
뿌린다. 견과류 키토빵을 곁들인다.

Tip 만체고치즈 이해하기

양젖으로 만드는 스페인 대표 치즈.
소설 <돈키호테>의 배경이었던
스페인 라만차 지역에서 만들기 시작한
치즈라 '만체고치즈(manchego)'는
'돈키호테치즈'라고도 불린다.
숙성치즈로 딱딱하고 기름지고,
특유의 향과 강한 맛을 가지고 있다.
없을 경우, 파르미지아노 레지아노치즈나
그라나파다노치즈를 써도 된다.

2

평일 저녁, 팬 하나로 만드는 키토 식단

월 ─

매콤 연어 아보카도 포케
입맛 확 당기는 매콤한 양념에 생연어, 아보카도 등을 더해
현미곤약밥과 함께 비벼 먹는 메뉴

화 ─

간편 샤부찜과 된장 마요소스
배추와 샤부샤부 고기를 함께 푹 찐 후
고소하고 짭쪼름한 된장 마요소스와 함께 즐기는 별미

수 ─

연어스테이크와 타르타르소스
건강한 지방을 넉넉히 섭취할 수 있는 키토식.
풍부한 맛의 타르타르소스를 듬뿍 더해 먹는 고소한 연어구이

목 ─

가지전
가지, 햄, 치즈 등을 먹기 좋게 썰어 부친 전.
부추 치커리무침과 함께 먹으면 한 끼 식사로 굿!

금 ─

올·치·토·바 샐러드
올리브, 치즈, 토마토에 바질페스토로 만든 소스를
뿌려 먹는 풍부한 맛의 초간단 메뉴

장보기 <small>* 없는 재료만 체크해서 구매하세요.</small>

🥩 고기 & 해산물 & 달걀

- ☐ 샤부샤부용 쇠고기 200g
- ☐ 횟감용 연어 200g
- ☐ 구이용 연어 500g
- ☐ 달걀 1개

🍒 버섯 & 채소 & 과일

- ☐ 가지 2개(250~300g)
- ☐ 알배기배추 1/2통
- ☐ 새싹채소 60g
- ☐ 다진 청양고추 1개분
- ☐ 홍고추 1개
- ☐ 대파 1대
- ☐ 토마토 2개
- ☐ 아보카도 1개

🌭 가공품 & 기타

- ☐ 현미곤약밥 1개
  (또는 콜리플라워 라이스)
- ☐ 스팸 1캔(200g, 또는 키토 소시지 27쪽)
- ☐ 생 모짜렐라 치즈 2개(250g)
- ☐ 피자치즈 1컵(100g)
- ☐ 그린올리브 20알
- ☐ 김가루 1컵
- ☐ 칡전분 5큰술(26쪽)

🧂 양념 & 소스

- ☐ 버터
- ☐ 라드
- ☐ 올리브유
- ☐ 참기름
- ☐ 통깨
- ☐ 소금
- ☐ 후춧가루
- ☐ 알룰로스
- ☐ 간장
- ☐ 키토 고추장(35쪽)
- ☐ 된장
- ☐ 다진 마늘
- ☐ 고춧가루
- ☐ 키토 마요네즈(39쪽)
- ☐ 시판 바질페스토 1큰술
  (또는 깻잎페스토 41쪽)

🌀 미리 만들어두는 소스

- ☐ 타르타르소스(40쪽)

밀프렙하기

1/ 샤부샤부용 쇠고기는
   2일내 먹는다면 냉장, 2일 후
   먹을 예정이면 냉동 보관한다.
   고기가 얇은 편이므로 냉동한 것을
   실온에 두면 금방 해동되므로
   바로 요리에 활용하면 좋다.
   처음부터 냉동된 것으로 구매해도
   좋다.

2/ 연어는 포장 그대로 냉장실에 넣어
   3일내 먹는다.

3/ 채소는 미리 씻어 물기를 없앤 후
   요리별로 나눠 담아둔다.

4/ 여러 가지 재료를 섞는 양념은
   미리 섞어두면 편하다.

매콤 연어 아보카도 포케

"포케(poke)는 하와이 말로 '자른다'라는 뜻의 그 곳 음식이에요. 주로 참치회로도 많이 만드는데
저는 지방이 풍부한 연어로 만들었어요. 생연어의 기름진 맛을 느끼해 하는 이들도
매콤하게 버무려 곁들이면 잘 먹게 되지요."

재료 준비하기

1/ 아보카도는 손질한 후 사방 1.5cm 크기로 깍둑 썬다.
2/ 연어도 아보카도와 비슷한 크기로 썬다.
3/ 새싹채소, 김가루를 준비한다.
4/ 현미곤약밥을 전자레인지에 데운다.
5/ 모든 양념 재료를 섞는다.

완성하기

6/

연어, 양념을 골고루 무친다.

7/

그릇에 데운 현미곤약밥을 담고
새싹채소, 김가루, 아보카도,
양념한 연어를 올린다.

재료(2인분 / 10분)

- 횟감용 연어 200g
- 아보카도 1개
- 김가루 1컵
- 새싹채소 60g
- 현미곤약밥 1개
  (또는 콜리플라워 라이스)

양념

- 간장 1큰술
- 키토 고추장 1큰술(35쪽)
- 알룰로스 1/2큰술
- 다진 마늘 1작은술
- 참기름 1/2큰술

Tip 아보카도 손질하기

① 아보카도는 칼날이 씨앗에
   닿도록 한 후 돌려가며 칼집을
   넣는다.

② 아보카도의 양쪽을 잡고
   반대 방향으로 비틀어 2등분한다.

③ 씨에 칼을 꽂은 후 비틀어
   씨를 제거한다.

간편 샤부찜과 된장 마요소스

"배추와 고기를 겹쳐서 냄비에 담아 푹 끓이기만 하면 되는 간단한 메뉴예요.
속도 든든해지고 맛도 좋아서 노력 대비 만족도가 아주 높은 키토 한식이지요.
된장 마요소스가 이 메뉴의 포인트이니, 푹 찍어드세요."

재료(2인분 / 40분)
- 샤부샤부용 쇠고기 200g
  (또는 차돌박이, 우삼겹)
- 알배기배추 1/2통
- 대파 1대
- 홍고추 1개
- 간장 2큰술
- 물 2컵(400㎖)

된장 마요소스
- 고춧가루 1/2큰술
- 다진 마늘 1/2큰술
- 다진 청양고추 1개분
- 생수 2큰술
- 키토 마요네즈 3큰술(39쪽)
- 된장 1과 1/2큰술
- 알룰로스 1/2큰술
- 통깨 1작은술

재료 준비하기

1/ 샤부샤부용 쇠고기를 준비한다.
2/ 알배기배추는 잎을 한 장씩 떼서 씻는다.
3/ 대파, 홍고추는 어슷 썬다.
4/ 된장 마요소스의 모든 재료를 섞는다.

완성하기

5/

낮고 넓은 냄비에 배추와 쇠고기를
순서대로 반복해 겹쳐 올린다.

6/

물, 간장을 섞은 후 냄비에 붓는다.

7/

어슷 썬 대파, 홍고추를 올린다.

8/

뚜껑을 덮고 센 불에서 끓어오르면
중약 불로 줄여 25분간 익힌다.
그릇에 담고 된장 마요소스에
찍어 먹는다.

추천 곁들임
키토 드레싱(36쪽)의 그린 샐러드

연어스테이크와 타르타르소스

"저희 집은 생선 비린내에 민감해 연어를 즐겨 먹진 않아요. 하지만 타르타르소스가 있다면
연어 한 덩이쯤은 순식간에 먹어치운답니다. 냉장실에 있는 채소들로 샐러드를 만들어 곁들이면
느끼한 맛도 잡고, 포만감도 높일 수 있어요."

재료 준비하기

1/ 구이용 연어를 준비한다.
2/ 타르타르소스(40쪽)를 준비한다.

완성하기

3/

달군 팬에 올리브유를 두르고
연어를 올려 중약 불에서
앞뒤로 뒤집어가며 7~8분간
완전히 굽는다. ★ 연어의 두께에
따라 굽는 시감을 가감해도 좋다.

4/

거의 구워지면 팬에
버터를 넣고 녹인다.

5/

버터가 다 녹으면 연어에 골고루
끼얹는다. 그릇에 연어스테이크를 담고
타르타르소스를 곁들인다.
★ 레몬즙을 연어에 짜서 먹으면
느끼한 맛을 줄일 수 있다.

재료(2인분 / 25분)

- 구이용 연어 500g
- 올리브유 1큰술
- 버터 1큰술(10g)
- 타르타르소스 적당량(40쪽)

 **남은 타르타르소스 보관하기**

타르타르소스 분량이 넉넉하니
먹고 남았다면 밀폐용기에 담아
냉장실에서 7일간 보관할 수 있다.
해산물 구이나 튀김에는 두루두루
어울린다.

추천 곁들임
부추 치커리무침(44쪽)

가지전

"명절에 받은 스팸 선물세트를 소진하기 위해 만들었어요. 스팸은 키토에서 권하는 재료는 아닌,
가끔 먹는 더티키토(키토이긴 하나 재료가 클린하지 않을 경우 칭하는 말)예요. 최소한으로 더한
칡전분과 피자치즈가 녹으면서 전을 한 덩어리로 만들어줘요.
막 부쳐서 뜨거울 때보다 한김 식어 치즈가 바삭해지면 더 맛있어요."

재료(2인분 / 40분)

- 가지 2개(250~300g)
- 스팸 1캔(200g,
  또는 키토 소시지 27쪽)
- 달걀 1개
- 피자치즈 약 1컵(100g)
- 칡전분 5큰술(26쪽)
- 소금 1/2작은술(가지 절임용)
- 라드 1큰술(또는 올리브유)
★ 라드가 가지와의 맛 궁합이 좋아
추천한다.

재료 준비하기

1/ 가지는 사방 1cm 크기로 썰어 큰 볼에 소금과 함께 담아 절인다.
2/ 스팸은 사방 1cm 크기로 썬다.
3/ 달걀, 피자치즈를 준비한다.

완성하기

4/
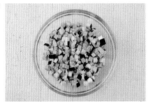

절인 가지에서 물이 약간 나오면 스팸,
달걀, 피자치즈를 넣고 버무린다.

5/

칡전분을 넣고 섞는다.

6/

달군 팬에 라드를 녹인 후
⑤의 반죽을 한 숟가락씩 떠서
동그랗게 편다.
★ 가지에서 계속 물이 생기므로
반죽을 중간중간 위아래로
섞어가며 팬에 올린다.

7/

약한 불에서 2~3분간 아래쪽 치즈가
노릇하게 익었을 때까지 구운 후
뒤집어 2~3분 더 굽는다.

올·치·토·바 샐러드 (올리브·치즈·토마토·바질페스토)

"초간단하게 만들 수 있는, 퇴근하고 요리하기 싫을 때 뚝딱 준비해 먹는
메뉴이기도 합니다. 와인 안주나 홈파티 음식으로도 폼 나고 잘 어울리지요.
견과류 키토빵(53쪽)을 곁들이면 더 든든하게 즐길 수 있어요."

재료(2인분 / 10분)

- 토마토 2개
- 생 모짜렐라 치즈 2개(250g)
- 그린올리브 20알
  (또는 블랙올리브)

소스

- 시판 바질페스토 1큰술
  (또는 깻잎페스토 41쪽)
- 올리브유 3큰술
- 소금 1/2작은술
- 후춧가루 약간

재료 준비하기

1/ 토마토와 생 모짜렐라 치즈는 먹기 좋게 슬라이스한다.
2/ 그린올리브를 준비한다.
3/ 모든 소스 재료를 섞는다.

완성하기

4/

그릇에 토마토, 생 모짜렐라 치즈 순서로
담는다.

5/

소스를 골고루 뿌린 후
그린올리브를 곁들인다.
★ 생바질을 곁들이면
더 향긋하게 즐길 수 있다.

3

평일 저녁, 팬 하나로 만드는 키토 식단

월 —— 뽈뽀와 매쉬드 콜리
데친 문어(뽈뽀)와 으깬 콜리플라워를 함께 먹는
담백하면서도 든든한 한 끼

화 —— 꽈리고추 삼겹
스트레스 OUT! 삼겹살과 고추를 넉넉히 넣어
중화풍으로 매콤하게 볶은 메뉴

수 —— 매콤한 간장소스의
우삼겹 파말이
우삼겹 속에 달큰한 쪽파를 넣고 돌돌 말아 구워
매콤한 간장소스에 찍어 먹는 별미

목 —— 베이컨 마늘 시금치볶음
베이컨과 시금치, 셀러리줄기, 양파 등의 채소를
센 불에서 간장만으로 휘리릭 볶은 메뉴

금 —— 투움바소스
닭다리 스테이크
쫄깃한 닭다리살에 고소한 투움바소스를 곁들인,
레스토랑 인기 메뉴 못지 않은 불금 저녁

장보기 * 없는 재료만 체크해서 구매하세요.

🐟 고기 & 해산물

☐ 삼겹살(또는 대패삼겹살) 600g

☐ 우삼겹 200g(또는 차돌박이)

☐ 뼈 없는 닭다리살 300g

☐ 자숙 문어 400g

☐ 베이컨 4줄(또는 대패삼겹살)

🍄 버섯 & 채소

☐ 양송이버섯 4개

☐ 시금치 1단(250~300g)

☐ 셀러리줄기 2대

☐ 꽈리고추 44개(약 260g)

☐ 홍고추 1개(생략 가능)

☐ 청양고추 6개

☐ 양파 1/2개

☐ 쪽파 25줄기

☐ 대파(흰 부분) 약 25cm

☐ 마늘 5쪽

☐ 이탈리안 파슬리 약간

🍆 가공품 & 기타

☐ 생크림 1컵(200㎖)

🍶 양념 & 소스

☐ 올리브유

☐ 참기름

☐ 소금

☐ 후춧가루

☐ 알룰로스

☐ 간장

☐ 식초

☐ 다진 마늘

☐ 고운 고춧가루

☐ 통깨

☐ 술(소주나 청주)

☐ 스모크드 파프리카가루 약간
(26쪽, 생략 가능)

⭕ 미리 만들어두는 곁들임 메뉴

☐ 매쉬드 콜리 적당량(47쪽)

밀프렙하기

1/ 고기는 2일내 먹을 것을 제외하고는
바로 냉동시킨다.
요리 전날 냉장실로 옮기거나,
요리 전 전자레인지로 해동시킨다.
해동 후 키친타월로 감싸 꼭꼭 눌러
핏물을 최대한 없앤 후 요리한다.

2/ 자숙 문어는 구입하자마자
냉장실에 보관한다.
냉장실 앞쪽보다 안쪽에 넣어야
신선함이 잘 유지된다.
냉동 자숙문어는 냉장실에서
5시간 이상 해동한 후 끓는 물에
넣고 1~2분 정도 데쳐서 사용한다.
문어의 크기가 크다면 다리와 머리를
각각 데치는 것이 좋다.

3/ 채소는 미리 씻어 물기를 없앤 후
요리별로 나눠 담아둔다.
잎채소는 키친타월로 감싼 후
보관해야 싱싱하게 보관된다.

4/ 여러 가지 재료를 섞는 양념은
미리 섞어두면 편하다.

뽈뽀와 매쉬드 콜리

"조금씩 담겨 나오는 스페인 전채요리겸 술안주, 타파스(tapas). 문어로 만든 타파스인
뽈뽀(pulpo)는 올리브유가 듬뿍 들어가 키토식으로 제격이에요. 오리지널 뽈뽀는
감자와 함께 먹지만, 저는 탄수화물 거의 없는 매쉬드 콜리를 곁들었어요."

재료(2인분 / 30분)

- 자숙 문어 400g
- 이탈리안 파슬리 약간
  (또는 말린 파슬리가루나 송송 썬 쪽파)
- 매쉬드 콜리 적당량(47쪽)
- 엑스트라 버진 올리브유 2큰술
  (또는 올리브유)
- 스모크드 파프리카가루 약간
  (26쪽, 또는 고운 고춧가루 약간)

재료 준비하기

1/ 콜리플라워로 매쉬드 콜리를 준비한다(47쪽).
2/ 자숙문어는 얇게 썬다.
3/ 이탈리안 파슬리는 먹기 좋게 썬다.

완성하기

4/

그릇에 매쉬드 콜리를 깔고
자숙문어를 올린다.

5/

올리브유를 뿌리고
이탈리안 파슬리를 올린다.
스모크드 파프리카가루를 뿌린다.

꽈리고추 삼겹

"삼겹살과 고추를 넉넉히 넣어 간단하게 만드는 중화풍 메뉴예요.
매운맛을 좋아한다면 청양고추를 더 넣어도 좋아요.
매운맛이 부담된다면 고추를 피망이나 파프리카로 대체하세요."

재료(2인분 / 20분)

- 삼겹살 600g(또는 대패삼겹살)
- 꽈리고추 약 40개(240g)
- 홍고추 1개(생략 가능)
- 청양고추 4개
- 대파(흰 부분) 약 25cm
- 술(소주나 청주) 1큰술
- 간장 2큰술
- 알룰로스 1작은술
- 참기름 1/2작은술
- 통깨 약간
- 올리브유 2큰술

재료 준비하기

1/ 꽈리고추는 씻어서 꼭지를 떼고 2등분한다.
2/ 홍고추, 청양고추, 대파는 어슷 썬다.
3/ 삼겹살은 1.5cm 크기로 썬다. ★ 대패삼겹살을 사용할 경우 3등분한다.

완성하기

4/

달군 큰 팬에 올리브유를 두른 후 대파를 넣어 약한 불에서 1분간 볶아 파기름을 만든다.

5/

삼겹살을 넣고 센 불에서 3분간 고기가 익은 색을 띠기 시작할 때까지 볶는다. 술을 넣고 5분간 볶아 잡내를 날린다.

6/

모든 고추를 넣고 센 불에서 1분간 더 볶는다.

7/

모든 고기가 익은 색을 띠면 재료를 팬 한쪽으로 밀어둔다. 빈 곳에 간장과 알룰로스를 넣고 끓어오르면 전체적으로 섞은 후 불을 끈다. 참기름을 두르고 통깨를 뿌린다.

매콤 간장소스의 우삼겹 파말이

"서울의 어느 고깃집에 갔다가 맛보고 반해 만들어본 메뉴예요. 만들기도 쉽고 간단해
즐겨 해먹지요. 차돌박이로 해도 맛있어요. 고기말이는 미리 말아둬도 편하답니다.
매콤 간장소스의 청양고추 분량은 기호에 따라 조절하세요."

재료 준비하기

1/ 우삼겹을 준비하고, 쪽파는 4~5cm 길이로 자른다.
2/ 매콤 간장소스의 모든 재료를 섞는다.

완성하기

3/

도마에 우삼겹 2장을 살짝 겹쳐
깐다. ★ 우삼겹이 두꺼우면
1장만 사용해도 된다.

4/

쪽파(2대분 정도)를 넉넉히 넣고
단단히 당겨가며 돌돌 만다.
★ 쪽파는 흰 부분과 푸른 부분이
골고루 들어가야 맛있다.

5/

달군 팬에 고기말이의 겹쳐진 부분이
팬의 바닥에 닿게 올린다.

6/

센 불에서 굴려가며 골고루
익힌 후 그릇에 담고 매콤 간장소스를
곁들인다.

재료(1인분 / 20분)

- 우삼겹 200g(또는 차돌박이)
- 쪽파 20줄기

매콤 간장소스

- 간장 1큰술
- 식초 1큰술
- 다진 청양고추 1작은술
  (기호에 따라 가감)
- 다진 마늘 1작은술
- 알룰로스 1작은술
★ 와사비 마요소스(39쪽)를 곁들이면
  맛도 잘 어울리고, 지방도
  더 채울 수 있다.

Tip 고기말이 미리 만들어두기

과정 ④까지 진행한 후 밀폐용기에 담아
두면 냉장 2일간 보관 가능하다.

베이컨 마늘 시금치볶음

"간단하게 볶기만 하면 되는 메뉴예요. 베이컨의 지방량이 많아 이대로 먹어도 배가 부르지요.
혹 조금 부족한 것 같다면, 다른 재료나 음식을 곁들이기보다 볶을 때
버터를 1인당 10~20g 정도 더 넣어 좀 더 키토식스럽게 즐기실 것을 권해요."

재료(2인분 / 15분)
- 베이컨 4줄(또는 대패삼겹살)
- 시금치 1단(250~300g)
- 셀러리줄기 2대
- 양파 1/2개
- 꽈리고추 4개(약 25g)
- 마늘 5쪽
- 간장 1/2작은술

Tip 베이컨 더 건강하게 즐기기

베이컨의 식품 첨가물을 줄이려면 끓는 물에 한번 담갔다가 건져 헹군 후 요리에 더하면 된다. 대부분의 식품첨가물은 수용성이기 때문. 베이컨뿐만 아니라 햄, 어묵 등 대부분의 가공육도 마찬가지.

재료 준비하기

1/ 시금치는 씻은 후 체에 받쳐 물기를 뺀 후 밑동을 없앤다.
2/ 셀러리줄기, 양파는 0.5cm 두께로 채 썬다.
3/ 꽈리고추는 꼭지를 떼고 어슷하고 길게 2등분한다. 마늘은 얇게 편 썬다.
4/ 베이컨은 1.5cm 두께로 자른다.

완성하기

5/

달군 팬(큰 팬)에 베이컨을 넣고 센 불에서 2~3분간 바삭하게 굽는다.
★ 베이컨의 두께에 따라 굽는 시간을 가감해도 좋다.

6/

편으로 썬 마늘을 넣고 센 불에서 1분간 볶는다.

7/

셀러리, 양파, 꽈리고추를 넣고 센 불에서 1분간 볶는다.

8/

시금치를 넣고 주걱 2개를 이용해서 센 불에서 1분간 볶는다. 재료를 팬 한쪽으로 밀어놓고 빈 곳에 간장을 넣어 끓어오르면 모든 재료를 섞는다.

추천 곁들임
방울토마토 마리네이드(50쪽)

투움바소스 닭다리 스테이크

"아웃백 스테이크 하우스의 대표 메뉴인 투움바 파스타 아시죠?
그 맛을 살린 투움바 소스를 스테이크에 곁들이면 정말 맛있답니다.
단점은 남은 소스에 자꾸만 파스타를 말고 싶어진다는 것!"

재료(2인분 / 35분
+ 숙성 시키기 30분)

- 뼈 없는 닭다리살 300g
- 양송이버섯 4개
  (또는 다른 버섯)
- 소금 1/3작은술
- 후춧가루 약간
- 고운 고춧가루 1작은술
  (또는 파프리카가루)
- 올리브유 2큰술

투움바소스
- 쪽파 5줄기
- 생크림 1컵(200㎖)
- 간장 1과 1/2작은술
  (기호에 따라 가감)

재료 준비하기

1/ 투움바소스에 넣을 쪽파는 송송 썬다. 그릇에 모든 소스 재료를 섞어
   최소 30분 이상 또는 1일 냉장실에서 숙성시킨다.
   ★ 최대 3일까지 냉장 보관 가능하나, 가급적 2일내 먹는 것이 좋다.
2/ 양송이버섯은 모양을 살려 슬라이스한다. 닭다리살은 뼈가 발라진 것을 준비한다.

완성하기

3/

달군 팬에 올리브유를 두른 후
닭다리살의 껍질 부분이 팬에
닿도록 넣는다. 중약 불에서
7~9분간 껍질이 바삭해질 때까지
굽는다.

4/

닭다리살을 뒤집은 후 소금,
후춧가루를 뿌려 5분간 더 굽는다.

5/

다 익으면 양송이버섯을 넣고
센 불에서 3분간 버섯이
약간 투명해지도록 볶는다.

6/

투움바소스를 넣고 약한 불에서
7~8분간 살짝 걸쭉하게 졸인다.
닭다리살에 소스가 골고루 묻으면
불을 끄고 고운 고춧가루를 섞는다.

평일 저녁, 팬 하나로 만드는 키토 식단

월 **살사 오믈렛**

치즈 오믈렛에 토마토, 아보카도, 할라피뇨 등으로
만든 살사를 올려 먹는 이국적인 한 끼

화 **쇠고기 버섯 배추국**

쇠고기, 알배기배추, 버섯 등이 듬뿍 들어가 든든하게
먹기 좋은 키토 한식

수 **부리또볼**

멕시칸 요리 브리또에서 착안. 속재료들을 큼직한 볼에
푸짐하게 담아 즐기는 메뉴

목 **족발 쟁반막국수**

키토 족발과 메밀곤약면으로 휘리릭 만드는
별미 키토 국수

금 **바질페스토 오징어구이**

오징어에 시판 바질페스토를 발라서 구운
쉽고 새로운 별미

장보기 *없는 재료만 체크해서 구매하세요.

🥩 고기 & 해산물 & 달걀

- ☐ 쇠고기 국거리용 600g
- ☐ 다진 쇠고기 500g
- ☐ 냉동 손질 통오징어 2마리
- ☐ 달걀 6개

🍄 버섯 & 채소 & 과일

- ☐ 표고버섯 12개
- ☐ 알배기배추 1/2포기
- ☐ 오이 1개
- ☐ 상추 6장(또는 깻잎)
- ☐ 양파 1과 1/4개
- ☐ 고수 2줌(250g)
- ☐ 토마토 작은 것 3개(300g)
- ☐ 아보카도 3개
- ☐ 라임 1/2개(또는 레몬,
  라임즙이나 레몬즙 2큰술)

🌭 가공품 & 기타

- ☐ 메밀곤약면 2팩(400g, 45쪽)
- ☐ 냉동 키토 족발 1팩(300g, 27쪽)
- ☐ 그린올리브 10개(기호에 따라 가감)
- ☐ 다진 키토 할라피뇨피클 1~2큰술(26쪽)
- ☐ 100% 자연치즈 60g
  (파르미아노 레지아노치즈 등)
- ☐ 파르미지아노 레지아노치즈 간 것 1큰술
- ☐ 사워크림 1컵(200g)
- ☐ 타코 시즈닝 1봉(28g)
- ☐ 탄산수(또는 물) 5큰술

🍶 양념 & 소스

- ☐ 버터
- ☐ 올리브유
- ☐ 아보카도오일
- ☐ 참기름
- ☐ 통깨
- ☐ 소금
- ☐ 후춧가루
- ☐ 알룰로스
- ☐ 간장
- ☐ 어간장
- ☐ 키토 고추장(35쪽)
- ☐ 된장
- ☐ 식초
- ☐ 다진 마늘
- ☐ 고춧가루
- ☐ 크러시드페퍼
- ☐ 연겨자
- ☐ 화이트와인
- ☐ 스리라차소스
- ☐ 시판 바질페스토

🍳 미리 만들어두는 곁들임 메뉴

- ☐ 모둠 채소구이 적당량(48쪽)

밀프렙하기

1/ 고기는 2일내 먹을 것을 제외하고는
   바로 냉동시킨다.
   요리 전날 냉장실로 옮기거나,
   요리 전 전자레인지로 해동시킨다.
   해동 후 키친타월로 감싸 꼭꼭 눌러
   핏물을 최대한 없앤 후 요리한다.

2/ 냉동 손질 통오징어는 전날 냉장실에
   넣어두거나 요리 전 비닐째 찬물에
   담가 살짝 말랑해질 때까지 해동한다.

3/ 채소는 미리 씻어 물기를 없앤 후
   요리별로 나눠 담아둔다.
   잎채소는 키친타월로 감싼 후
   보관해야 싱싱하게 보관된다.

4/ 여러 가지 재료를 섞는 양념은
   미리 섞어두면 편하다.

살사 오믈렛

"신혼여행을 멕시코에 있는 휴양지 칸쿤으로 갔는데요, 오믈렛 위에 멕시칸 스타일의 살사를 듬뿍 올려주더라고요. 이국적이면서도 우리 입맛에 딱 맞는 별미라서 자주 해먹고 있어요. 주말 브런치로 즐기기에도 딱 좋은 메뉴예요."

재료(2인분 / 20분)

- 달걀 6개
- 100% 자연치즈 60g
  (파르미지아노 레지아노치즈 등)
- 올리브유 2큰술 + 2큰술

살사

- 토마토 작은 것 3개(300g)
- 아보카도 1개
- 다진 양파 3큰술
- 다진 키토 할라피뇨피클 1큰술(26쪽)
- 스리라차소스 1큰술(또는 핫소스,
  대체 시 식초 약간 줄이기)
- 식초 1/2큰술
- 알룰로스 1/2작은술
- 소금 1/2작은술
- 후춧가루 1/3작은술

재료 준비하기

1/ 토마토는 반으로 썰어 속에 있는 씨부분을 파내고, 단단한 겉부분만 굵게 썬다.
2/ 아보카도는 씨와 껍질을 없앤 후 깍둑 썰기한다. ★ 아보카도 손질하기 69쪽
3/ 양파와 할라피뇨는 잘게 다져 분량대로 준비한다.
4/ 달걀과 치즈를 준비한다.

완성하기

5/

모든 살사 재료를 섞는다.

6/

달걀(3개)를 볼에 푼다.
달군 팬에 올리브유(2큰술)을
두르고 달걀물을 붓고 넓게
펼친다. 젓가락으로 가운데 부분을
몽글몽글하게 되게 살살 젓는다.

7/

가장자리가 익으면 반쪽 부분에
치즈(30g)을 올린 후 나머지 반쪽으로
접어 반달모양을 만들어 그릇에
덜어둔다. 같은 방법으로 하나 더
만든 후 살사를 곁들인다.

쇠고기 버섯 배추국

"건더기가 워낙 풍부해 든든하게 먹을 수 있는 한 그릇 식사예요.
저는 가끔 국산콩으로 만든 두부를 넣어 더 푸짐하게 먹기도 해요.
매운맛을 좋아하지 않는다면, 고춧가루는 생략해도 됩니다."

재료(4인분 / 1시간)

- 쇠고기 국거리용 600g
- 표고버섯 12개
- 알배기배추 1/2포기
- 양파 3/4개
- 다진 마늘 1큰술
- 된장 1큰술
- 간장 1과 1/2큰술
- 어간장 1큰술
- 고춧가루 2큰술(생략 가능)
- 올리브유 2큰술
- 물 4컵(800㎖)

Tip 두부 추가하기

두부(약 200g)를 한입 크기로 썰어
⑥번 과정에서 간을 맞추기 전에 넣고
1~2분간 더 끓인 후 간을 맞추면 된다.

재료 준비하기

1/ 쇠고기는 사방 2cm 크기로 깍둑 썬다.
2/ 표고버섯은 밑동을 떼어낸 후 한입 크기로 썬다.
3/ 알배기배추는 3cm 길이로 큼직하게 썬다.
4/ 양파는 큼직하게 깍둑 썬다.

완성하기

5/

달군 냄비에 올리브유를 두른 후
쇠고기를 넣고 센 불에서 3~4분간
볶는다.

6/

고기 겉면이 익으면 표고버섯,
알배기배추, 양파, 다진 마늘을 넣는다.

7/

물을 붓고 된장을 푼다.

8/

뚜껑을 덮고 센 불에서 끓어오르면
중약 불로 줄여 45분간 끓인 후
간장, 어간장으로 간을 맞춘다.
고춧가루를 넣고 섞는다.

부리또볼

"부리또(burrito)는 고기, 콩, 쌀, 치즈 등을 양념과 함께 또띠야에 싸서 오븐에 구운 멕시코 음식이에요. 탄수화물 재료를 제외한 부리또 재료들을 볼에 담은 이 메뉴는 도시락으로도 강추해요. 아보카도오일로 볶으면 냉장실에 넣어두었다가 먹어도 지방이 덜 굳어 좋답니다."

재료 준비하기

1/ 다진 쇠고기, 그린올리브, 샤워크림을 준비한다.
2/ 아보카도는 씨와 껍질을 없앤 후 먹기 좋게 썬다. ★ 아보카도 손질하기 69쪽
3/ 라임은 2~3등분하고, 고수는 먹기 좋게 뜯는다.
4/ 타코 시즈닝도 준비한다.

완성하기

5/

달군 팬에 아보카도오일을 두르고
다진 쇠고기를 넣어 센 불에서
3~5분간 고기의 색이
전체적으로 익은 색이 되고, 뭉치지
않게 주걱으로 자르듯이 볶는다.

6/

화이트와인을 넣고 2분간 더 볶는다.

7/

타코 시즈닝을 넣어 중간 불에서
4~5분간 물기가 없어질 때까지
고슬고슬하게 볶은 후 덜어둔다.

8/

그릇에 볶은 쇠고기, 아보카도,
그린올리브, 고수를 올리고
사워크림을 곁들인다.
라임은 먹기 직전에 뿌린다.

재료(2인분 /30분)
• 다진 쇠고기 500g
• 아보카도 2개
• 그린올리브 10개(기호에 따라 가감)
• 사워크림 1컵(200g)
• 라임 1/2개(또는 레몬,
  라임즙이나 레몬즙 2큰술)
• 고수 2줌(250g, 기호에 따라 가감)
• 화이트와인 3큰술(또는 술)
• 아보카도오일 2큰술
  (또는 올리브유, 라드)
• 타코 시즈닝 1봉(28g)

타코 시즈닝 제품 선택하기
여러 가지 향신료와 허브를 더해 만든
양념으로 멕시칸 풍미의 이국적인 맛을
내준다. 심플리오가닉 마일드 타코 시즈닝
믹스 제품을 사용했는데, 소량(28g)이라
사용하기 편리하나, 감자전분, 원당이
포함되어 있다.
만약 감자전분, 원당이 없는 제품을
구한다면 바디아 타코시즈닝 제품을 추천.
단, 대용량이다보니 보관 도중 가루가
뭉쳐질 수도 있다.

도시락으로 준비하기
사워크림만 따로 담아 먹기 전에 더하면
보기에도 먹기에도 좋다. 기호에 따라
사워크림을 더하기 전에 전자레인지에
돌려 살짝 데워도 된다.

족발 쟁반막국수

"야들야들 족발에 막국수를 곁들여 먹으면 정말 맛있지요. 요즘은 키토 제품들이
정말 잘 나와있어서 키토족발과 메밀곤약면을 이용해 만들어 먹으면 돼요.
탄수인일 때 먹던 배달 족발 뺨치는 맛! 퇴근 후 휘리릭 만들어 드세요."

재료(2인분 / 20분)
- 냉동 키토 족발 1팩(300g, 27쪽)
- 메밀곤약면 2팩(400g, 45쪽)
- 양파 1/4개
- 오이 1개
- 상추(또는 깻잎) 6장
- 통깨 약간

비빔장
- 고춧가루 2와 1/2큰술
- 다진 마늘 1/2큰술
- 탄산수(또는 물) 5큰술
- 간장 1큰술
- 식초 3큰술
- 키토 고추장 1/2큰술(35쪽)
- 알룰로스 1큰술(기호에 따라 가감)
- 참기름 1큰술
- 연겨자 1/8작은술

재료 준비하기

1/ 냉동 키토 족발은 해동한 후 전자레인지에서 2분 정도 돌린다.
한 두 조각씩 먹기 좋게 떼어둔다. ★ 재료 소개 및 해동하기 27쪽
2/ 양파, 오이는 채 썬다. 상추는 2cm 두께로 썬다.
3/ 메밀곤약면을 준비한다.
4/ 모든 비빔장 재료를 섞는다.

완성하기

5/

메밀곤약면은 체에 밭쳐 차가운 물에
헹군 후 최대한 물기를 뺀다.

6/

큰 그릇에 메밀곤약면, 모든 채소,
키토 족발을 담는다.

7/

비빔장을 올린 후 통깨를 솔솔 뿌린다.

99

바질페스토 오징어구이와 모둠 채소구이

"바질페스토만 있다면 정말 간단하게 만들 수 있는 메뉴예요. 은근히 오징어 순대 느낌도
나면서 감칠맛도 있어요. 오징어는 단백질이 많아 모둠 채소구이뿐만 아니라 방울토마토
마리네이드(50쪽)를 곁들여 먹어도 맛과 영양적인 면에서 보완이 된답니다."

재료(2인분 / 30분)
- 냉동 손질 통오징어 2마리
- 버터 2큰술(20g)
- 모둠 채소구이 적당량(48쪽)

양념
- 시판 바질페스토 4큰술(60g)
- 크러시드페퍼 1작은술
- 파르미지아노 레지아노치즈 간 것 1큰술

재료 준비하기

1/ 모둠 채소구이(48쪽)를 준비한다.
2/ 냉동 손질 통오징어는 전날 냉장실에 넣어두거나 요리 전 비닐째 찬물에 담가 살짝 말랑해질 때까지 해동한 후 키친타월로 물기를 없앤다.
3/ 모든 양념 재료를 섞는다.

완성하기

4/

비닐장갑을 끼고 오징어 몸통의 안쪽과 바깥쪽에 양념을 골고루 바른다.

5/

다리에도 양념을 조물조물 무친다.

6/

달군 팬에 버터를 녹인 후 오징어를 넣고 중약 불에서 앞쪽 2~3분, 뒤집어서 2~3분 정도 굽는다. 그릇에 담고 모둠 채소구이를 곁들인다.
★ 통으로 담아 포크와 나이프로 먹어도 되고, 먹기 좋게 썰어 담아도 된다.

평일 저녁, 팬 하나로 만드는 키토 식단

월 — **간편 오리탕**
지친 월요일, 오리 로스로 손쉽게 만드는
간단한 보양식

화 — **김치말이국수와
대패삼겹구이**
시원한 국수에 고소한 삼겹구이,
궁합이 딱 맞는 맛있는 키토 한 끼

수 — **라구소스 주키니누들**
주키니로 만든 채소면에 라구소스와 치즈를
듬뿍 올려 먹는 초간단 별미

목 — **매콤한 키토 오징어덮밥**
입에 착 감기는 칼칼하고 개운한 맛이 먹고 싶을 때
제격인 키토 한식

금 — **치즈 듬뿍 멜란자네**
미리 만들어둔 청양 라구소스와 가지만 있으면
휘리릭 만들 수 있는 메뉴

평일 저녁, 팬 하나로 만드는 키토 식단 SET

장보기 * 없는 재료만 체크해서 구매하세요.

🥩 고기 & 해산물 & 달걀

- ☐ 오리 로스 600g(또는 오리다리살)
- ☐ 대패삼겹살 300g
- ☐ 냉동 손질 통오징어 2마리(350~400g)
- ☐ 달걀 2개

🍄 버섯 & 채소

- ☐ 팽이버섯 1봉지
- ☐ 주키니 2개
- ☐ 가지 2개
- ☐ 오이 약간
- ☐ 당근 1/2개
- ☐ 양배추 약 10장(손바닥 크기, 300g)
- ☐ 미나리 1단(200g)
- ☐ 깻잎 20장
- ☐ 청양고추 2개
- ☐ 양파 1과 1/2개
- ☐ 대파 3대

🍆 가공품 & 기타

- ☐ 곤약면 2팩(400g)
- ☐ 동치미 배추 1/4포기(25쪽)
- ☐ 동치미 국물 2와 1/2컵(500㎖, 25쪽)
- ☐ 김치국물 1/4컵(50㎖, 25쪽)
- ☐ 파르미지아노 레지아노치즈 간 것 8큰술
- ☐ 생 모짜렐라 치즈 2개(250g)
- ☐ 그린올리브 약간(생략 가능)
- ☐ 현미곤약밥 1개
  (또는 콜리플라워 라이스 46쪽)

🍶 양념류

- ☐ 버터
- ☐ 올리브유
- ☐ 참기름
- ☐ 생들기름(또는 들기름)
- ☐ 들깻가루
- ☐ 소금
- ☐ 후춧가루
- ☐ 알룰로스
- ☐ 간장
- ☐ 키토 고추장(35쪽)
- ☐ 된장
- ☐ 다진 마늘
- ☐ 고춧가루
- ☐ 술(소주나 청주)
- ☐ 화이트와인 식초

🍳 미리 만들어두는 소스

- ☐ 청양 라구소스 약 4컵
  (1kg, 42쪽)

밀프렙하기

1/ 고기는 2일내 먹을 것을 제외하고는 바로 냉동시킨다. 요리 전날 냉장실로 옮기거나, 요리 전 전자레인지로 해동시킨다. 해동 후 키친타월로 감싸 꼭꼭 눌러 핏물을 최대한 없앤 후 요리한다.

2/ 냉동 손질 통오징어는 전날 냉장실에 넣어두거나 요리 전 비닐째 찬물에 담가 살짝 말랑해질 때까지 해동한다.

3/ 채소는 미리 씻어 물기를 없앤 후 요리별로 나눠 담아둔다. 잎채소는 키친타월로 감싼 후 보관해야 싱싱하게 보관된다.

4/ 여러 가지 재료를 섞는 양념은 미리 섞어두면 편하다.

간편 오리탕

"들깻가루를 넣고 푹 끓인 오리 보양탕 좋아하세요? 가끔 생각날 때면 저는
오리 로스나 오리다리살로 간편하게 끓여 먹어요. 한 마리 통째로 넣고 오래 끓이면
더 맛있겠지만 바쁜 평일에는 이렇게 만들어도 충분히 비슷한 맛으로 즐길 수 있답니다."

재료 손질하기

1/ 구이용으로 나온 오리 로스를 준비한다.
2/ 깻잎을 준비한다. 미나리는 10cm 길이로 썬다.
3/ 팽이버섯은 밑동을 잘라낸다. 양파는 한입 크기로 썬다.
   청양고추는 어슷 썬다.
4/ 대파는 1대는 송송 썰고, 1대는 6cm 길이로 토막내 두꺼운 것들만 길게 2등분한다.

완성하기

5/

달군 냄비에 올리브유를 두르고
대파(송송 썬 것만)를 넣어
약한 불에서 1분간 볶아
파기름을 낸다.

6/

오리고기를 넣고 센 불에서 볶아
익은 색이 나면 술을 넣는다.
4~5분간 더 볶아 오리 잡내가
날아가도록 한다.

7/

물(2와 3/4컵)을 붓고
된장을 푼 후 고춧가루, 양파,
대파(길쭉하게 썬 것만),
다진 마늘을 넣고 뚜껑을 덮은 후
중간 불에서 30분간 끓인다.

8/

뚜껑을 열고 팽이버섯, 청양고추,
간장, 들깻가루를 넣고 10분 정도
끓인 후 미나리, 손으로 찢은
깻잎을 넣고 2분간 끓인다.

재료(4인분 / 40분 /
3~4일 냉장 보관 가능)

- 오리 로스 600g(또는 오리다리살)
- 깻잎 20장
- 미나리 1단(200g)
- 팽이버섯 1봉지
- 양파 1/2개(약 120g)
- 청양고추 2개
- 대파 2대
- 다진 마늘 1큰술
- 술 1/4컵(소주나 청주, 50mℓ)
- 된장 2큰술
- 고춧가루 1큰술
- 간장 2큰술(된장의 염도에 따라 가감)
- 들깻가루 2큰술
- 올리브유 2큰술
- 물 2와 3/4컵(550mℓ)

김치말이국수와 대패삼겹구이

"입맛 없는 더운 여름, 한 끼 뚝딱 해결하기 딱 좋은 메뉴예요. 곤약면을 사용해 국수만으로는
칼로리가 낮고 지방도 부족하니 대패삼겹살을 넉넉히 구워 들기름장에 찍어 같이 드세요.
맛의 어우러짐이 좋아 정말 꿀맛이지요."

재료 손질하기

1/ 곤약면과 대패삼겹살을 준비한다.
2/ 냄비에 찬물을 붓고 달걀이 잠기게 넣어 중간 불에서 끓어오르면 8분간 삶는다.
껍질을 벗기고 반으로 썬다.
3/ 모든 국물 재료를 미리 섞어 냉장고에 넣어 시원하게 한다.
4/ 동치미 배추는 먹기 좋게 썰고, 오이는 채 썬다.

완성하기

5/

곤약면은 체에 밭쳐
찬물에 헹군 후 물기를 꼭 짠다.

6/

그릇에 곤약면을 담고,
국물을 붓는다.

7/

썰어둔 동치미 배추, 삶은 달걀,
오이를 올린 후 참기름을 두른다.

8/

대패삼겹살을 굽는다.
그릇에 담고 들기름장을 곁들인다.
김치말이국수와 함께 먹는다.

재료(2인분 / 10분)

- 곤약면 2팩(400g)
- 대패삼겹살 300g
- 달걀 2개
- 동치미 배추 1/4포기(25쪽)
- 오이 약간
- 참기름 1/2작은술

국물
- 동치미 국물 2와 1/2컵
  (500㎖, 25쪽)
- 김치국물 1/4컵(50㎖, 25쪽)
- 생수 1/2컵(100㎖)
- 화이트와인 식초 1/5컵(40㎖)
- 알룰로스 1큰술

들기름장
- 생들기름 2큰술(또는 들기름)
- 소금 1/2작은술
- 후춧가루 약간

Tip 동치미를 배추김치로 대체하기

동량의 배추김치를 씻어서 사용하되,
동치미 국물은 곰국국물로 대체한다.
앤쿡 무항생제 어린이 나주 곰국국물
제품을 추천. 본 제품 2팩(400g) +
생수 1/2컵(100㎖)을 더하고,
기호에 따라 식초, 알룰로스를 넣어도 좋다.

라구소스 주키니누들

"청양 라구소스만 미리 만들어두면 퇴근 후 후다닥 준비할 수 있는 초간단 메뉴랍니다.
주키니누들은 채소면 필러로 만드는데요, 애호박이나 당근, 오이 등 단단한 채소라면 어떤 것이든
이 도구로 채소면을 만들어 국수 대신 활용할 수 있어요. 도구가 없다면, 채 썰어 요리해도 돼요."

재료(2인분 / 20분 + 소스 만들기)
- 주키니 2개
- 청양 라구소스 약 2컵
  (500g, 42쪽)
- 파르미지아노 레지아노치즈 간 것 2큰술
- 그린올리브 약간(생략 가능)
- 올리브유 1큰술
- 버터 4큰술(40g)

 더 풍성하게 먹기

표고나 양송이, 새송이 등의 버섯이나
쇠고기 등을 구워 곁들여도 좋다.

재료 손질하기

1/ 청양 라구소스(42쪽)를 준비한다.
2/ 주키니는 씻어 채소면 필러나 스파이럴라이저를 이용해 주키니면을 만든다.
3/ 파르미지아노 레지아노치즈, 그린올리브를 준비한다.

완성하기

4/

달군 팬에 올리브유를 두른 후
버터를 넣고 녹인다.
★ 버터와 올리브유를 함께
사용하면 버터가 쉽게 타지 않는다.

5/

주키니면을 넣고 센 불에서
3분간 빠르게 살짝 아삭하게 볶은 후
그릇에 펼쳐 한김 식힌다.
★ 오래 볶으면 주키니에서 물이 나오므로
레시피의 시간을 지키는 것이 중요하다.

6/

다시 팬에 청양 라구소스를 넣고
따뜻할 정도로 약한 불에서 저어가며
익힌다.

7/

그릇에 주키니 누들을 담고
청양 라구소스를 올린 후
그린올리브를 올린다. 파르미지아노
레지아노치즈를 갈아 뿌린다.

매콤 키토 오징어덮밥

"짭쪼름하고 매콤한 오징어볶음을 현미곤약밥에 올려 덮밥으로 즐기는 키토 메뉴예요.
탄수화물을 확 줄인, 좀 더 확실한 키토식을 원한다면, 밥 대신 양배추 양을 늘려 심심하게,
보다 푸짐하게 만들어 드시면 돼요."

재료(2인분 / 20분)

- 현미곤약밥 1개
  (또는 콜리플라워 라이스 46쪽)
- 냉동 손질 통오징어 2마리
  (350~400g)
- 양배추 약 10장(손바닥 크기, 300g)
- 당근 1/2개
- 양파 1개
- 대파 1대
- 올리브유 2큰술
- 참기름 1/2큰술

양념

- 고춧가루 3큰술
- 다진 마늘 2큰술
- 간장 3큰술
- 키토 고추장 2큰술(35쪽)
- 알룰로스 1큰술

재료 손질하기

1/ 냉동 손질 통오징어는 전날 냉장실에 넣어두거나
   요리 전 비닐째 찬물에 담가 살짝 말랑해질 때까지 해동한다.
   씻어서 몸통은 1.5cm 두께로, 다리는 5~6cm 길이로 썬다.
   키친타월에 올려 물기를 최대한 없앤다.

2/ 양배추, 당근, 양파는 모두 비슷한 한입 크기로 썬다.
   ★ 당근은 두꺼우면 익는 시간이 오래 걸리니 0.2~0.3cm 정도 두께로 반달 썰기한다.

3/ 대파는 어슷썬다.

4/ 모든 양념 재료를 섞는다.

5/ 현미곤약밥을 전자레인지에 데운다.

완성하기

6/

깊은 팬을 달궈 올리브유를 두르고
당근, 양파, 대파, 오징어를 넣고
센 불에서 3~4분간
양파의 색이 약간 투명해질 때까지
빠르게 섞어가며 볶는다.

7/

양배추와 양념을 넣고 센 불에서
3~4분간 빠르게 볶는다.
불을 끄고 참기름을 두른 후 섞는다.
데운 현미곤약밥을 그릇에 담고
오징어볶음을 올린다.

치즈 듬뿍 멜란자네

"멜란자네(melanzane)는 이탈리아로 가지를 뜻해요. 또한 가지에 토마토소스, 치즈 등을
더해 만든 이탈리아식 오븐요리의 명칭이기도 하지요. 바로 만들어 먹어도 맛있고요,
마지막 과정에서 전자레인지에 익히기 전까지만 만들어서 냉장했다가 데워 먹어도 좋아요."

재료(2인분 / 20분 + 소스 만들기)
- 가지 2개
- 청양 라구소스 약 2컵
  (500g, 42쪽)
- 생 모짜렐라 치즈 2개(250g)
- 파르미지아노 레지아노치즈 간 것
  6큰술(또는 그라나파다노치즈 간 것)
- 소금 1/3작은술
- 후춧가루 약간

재료 손질하기

1/ 청양 라구소스(42쪽)를 준비한다.

2/ 가지는 필러로 얇게 썰어 12개를 만든다. 필러가 없다면 칼로 최대한 얇게 모양 살려 썬다.

3/ 생 모짜렐라 치즈는 1개당 6등분씩 썬다(총 12개). 파르미지아노 레지아노치즈를 준비한다.

완성하기

4/

팬을 센 불로 달군 후 기름을
두르지 않고 가지를 펼쳐 올린다.
소금, 후춧가루를 뿌려 15초,
뒤집어서 10초간 구운 후
넓은 접시에서 한김 식힌다.

5/

가지에 생 모짜렐라 치즈를 올린 후
돌돌 만다. 같은 방법으로 11개를
더 만든다.

6/

내열용기에 청양 라구소스 → ②를
올린다. ★ 용기의 크기에 따라 나눠
담아도 좋다.

7/

파르미지아노 레지아노치즈 간 것을
올린 다음 전자레인지에서 3분간
치즈가 녹을 정도로 돌린다.
★ 바질페스토를 곁들여도 맛있다.

평일 저녁, 팬 하나로 만드는 키토 식단

월 —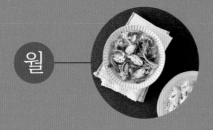

토마토 두릅 바지락수프
토마토와 바지락으로 시원한 맛을 낸 향긋한 봄 수프.
콜리플라워 치즈구이와 함께 먹으면 더욱 든든.

화 —

애호박 돼지찌개
달큰한 애호박을 듬뿍 넣은 개운한 찌개.
두툼한 달걀말이와 함께 먹으면 별미

수 —

명란 마요 나또볼
나또에 명란 마요, 아보카도, 구운 김 등이 어우러져
누구나 나또를 맛있게 먹게 해줄 메뉴

목 —

주키니 미니버거
빵 대신 구운 주키니를 활용한
한입에 쏙 들어가는 키토인을 위한 버거

금 —

키토 분짜
곤약면과 쇠고기로 만든
이국적인 맛의 푸짐한 키토 한 끼

장보기 * 없는 재료만 체크해서 구매하세요.

밀프렙하기

🥩 고기 & 해산물

- ☐ 돼지고기 앞다리살(찌개용) 500g
- ☐ 쇠고기 불고기감 600g
- ☐ 다진 쇠고기 400g
- ☐ 해감 바지락 1봉
  (500~600g, 물 제외 무게)

🍄 버섯 & 채소 & 과일

- ☐ 주키니 1개
- ☐ 애호박 2와 1/2개(또는 풋호박 1개)
- ☐ 청양고추 3개
- ☐ 홍고추 1개(생략 가능)
- ☐ 양파 1개
- ☐ 마늘 2쪽
- ☐ 두릅 4~6개(생 것, 데친 것)
- ☐ 샐러드채소 300g
  (어린잎채소나 새싹채소 등)
- ☐ 새싹채소 80g
- ☐ 고수잎 약간
- ☐ 토마토 5~6개
- ☐ 방울토마토 6개
- ☐ 아보카도 1개
- ☐ 쪽파 약간

🥫 가공품 & 기타

- ☐ 현미곤약밥 2개
- ☐ 곤약면 2봉지(400g)
- ☐ 나또 2팩(80g)
- ☐ 명란 큰 것 2개(120g)
- ☐ 슈레드 체다 치즈 1컵
  (또는 슬라이스 체다치즈 6장)
- ☐ 김가루 약 2컵(20g)

🍶 양념 & 소스

- ☐ 버터
- ☐ 올리브유
- ☐ 참기름
- ☐ 통깨
- ☐ 소금
- ☐ 후춧가루
- ☐ 알룰로스
- ☐ 간장
- ☐ 어간장
- ☐ 다진 파
- ☐ 다진 마늘
- ☐ 다진 생강
- ☐ 고춧가루
- ☐ 술(소주나 청주)
- ☐ 와사비
- ☐ 키토 마요네즈(39쪽)
- ☐ 키토 토마토케첩(26쪽)
- ☐ 스리라차소스
- ☐ 이탈리안 시즈닝
- ☐ 피쉬소스
- ☐ 화이트와인 식초
- ☐ 화이트와인
- ☐ 라임즙(또는 레몬즙)

1/ 고기는 2일내 먹을 것을 제외하고는 바로 냉동시킨다. 요리 전날 냉장실로 옮기거나, 요리 전 전자레인지로 해동시킨다. 해동 후 키친타월로 감싸 꼭꼭 눌러 핏물을 최대한 없앤 후 요리한다.

2/ 비자락은 해감해서 물에 담아 파는 바지락을 준비한다. 냉장실에 두고 2일 내로 먹는다.

3/ 채소는 미리 씻어 물기를 없앤 후 요리별로 나눠 담아둔다. 잎채소는 키친타월로 감싼 후 보관해야 싱싱하게 보관된다.

4/ 여러 가지 재료를 섞는 양념은 미리 섞어두면 편하다.

추천 곁들임
콜리플라워 치즈구이(46쪽)

토마토 두릅 바지락수프

"봄에 두릅이 나고, 토마토 맛이 무르익을 때쯤 끓여 먹으면 정말 맛있는 요리예요.
두릅이 쌉쌀해서 잘 못먹는데도 이 수프는 자꾸 생각나는 맛이랍니다. 두릅이 없는 계절에는
풍미는 조금 다르지만 애호박이나 아스파라거스를 써도 돼요."

재료(2인분 / 30분)

- 해감 바지락 1봉
  (500~600g, 물 제외 무게)
- 토마토 5~6개
- 두릅 4~6개(손질 전 200g,
  손질 후 60g, 또는 데친 두릅)
- 마늘 2쪽
- 화이트와인 1/2컵(100㎖)
- 소금 약간
  (바지락 염도에 따라 생략 가능)
- 후춧가루 약간
- 올리브유 1큰술
- 버터 5큰술(50g)

Tip 바지락 해감하기

큰 볼에 물(2~3컵)과 소금(2큰술)을
잘 섞은 후 바지락을 넣고 검은
비닐봉지를 씌워 상온에서 1~2시간,
냉장실에서 6시간 정도 해감 시킨다.

재료 준비하기

1/ 해감 바지락은 찬물에 바락바락 비벼가며 깨끗하게 씻는다.
   ★ 해감하지 않은 바지락 구입 시 'Tip 바지락 해감하기' 참고

2/ 토마토는 꼭지 반대쪽에 열십(+) 자로 칼집을 낸다.
   두릅은 밑동을 자르고 겉에 붙은 껍질을 벗긴다.
   ★ 두릅에는 가시가 있으니, 장갑을 끼거나 주의해서 손질한다.

3/ 마늘은 편 썬다.

4/ 냄비에 넉넉한 양의 물을 넣고 끓인다. 먼저 두릅을 넣고 1분간 데친 후 건진다.
   이어 토마토를 넣고 1분간 데친 후 건져서 찬물에 담가 칼집낸 부위에
   살짝 일어난 껍질을 잡아 벗긴다. 토마토는 볼에 담아 대강 으깬다.
   ★ 토마토 껍질이 거슬리지 않는다면 데치지 않고 썰어서 그대로 사용해도 된다.

완성하기

5/

달군 냄비에 올리브유, 마늘을 넣고
약한 불에서 1분간 마늘향이
날 때까지 볶는다.

6/

바지락, 토마토를 모두 넣고
2/3정도 잠길 만큼 화이트와인을 붓고
센 불에서 끓인다.

7/

바지락 껍질이 벌어지면 소금(바지락
염도에 따라 가감), 후춧가루로 간한 후
약한 불로 줄이고 버터를 넣어 녹인다.

8/

데친 두릅을 넣고 한번 섞은 후
불을 끈다.

추천 곁들임
두툼 달걀말이(52쪽)

애호박 돼지찌개

"어렸을 때 할머니가 자주 끓여주시던 전라도 고향음식이에요. 여름 풋호박(조선호박)으로
끓이면 가장 맛있답니다. 애호박으로 끓여도 좋아요. 건더기 가득 넣고 심심하게 만들어
달걀말이나 달걀프라이와 함께 드세요."

재료(2인분 / 30분)
- 돼지고기 앞다릿살(찌개용) 500g
- 애호박 2와 1/2개(또는 풋호박 1개)
- 양파 1개
- 술(소주나 청주) 3큰술
- 올리브유 2큰술

양념
- 고춧가루 3큰술
- 다진 청양고추 1/2큰술
- 다진 마늘 1/2큰술
- 간장 1큰술
- 어간장 2큰술
- 다진 생강 1/8작은술
- 물 1과 1/2컵(250㎖)

재료 준비하기
1/ 돼지고기 앞다릿살을 준비한다.
2/ 애호박은 1cm 두께의 반달 모양으로 썬다.
3/ 양파는 애호박과 비슷한 크기로 썬다.
4/ 모든 양념 재료를 섞는다.

완성하기

5/

달군 냄비에 올리브유를 두르고
돼지고기를 넣어 센 불에서
1~2분간 고기가 익은 색을 띠기
시작할 때까지 볶는다.

6/

술을 넣고 5분간 볶아 알코올 냄새가
날아가고 고기 겉면이 골고루 익으면
애호박, 양파를 넣는다.
뚜껑을 덮은 후 중간 불로 줄여
10분간 익힌다. ★ 바닥에 눌어붙지
않도록 중간중간 저어준다.

7/

채소에서 자작하게 물이 나오면
골고루 섞은 후 양념을 붓는다.
뚜껑을 덮고 중간 불에서
5분간 끓인다.

명란 마요 나또볼

"나또를 싫어하는 남편도 이렇게 만들어주면 한 그릇 뚝딱 비워요. 명란 마요소스의
고소하면서도 짭쪼름한 맛, 아보카도의 진하고 부드러운 풍미, 새싹채소의 쌉싸래한 맛이
나또와 잘 어우러지면서 매력적인 메뉴가 탄생하지요."

재료 준비하기

1/ 현미곤약밥을 전자레인지에 데운다.
2/ 새싹채소는 헹군 후 최대한 물기를 뺀다. 채소 탈수기를 활용하면 편하다.
3/ 아보카도는 손질 후 깍둑 썬다. ★ 아보카도 손질하기 69쪽
4/ 명란은 반을 갈라 속만 긁어낸 후 나머지 명란 마요소스 재료와 섞는다.
5/ 나또는 젓가락으로 저어 흰실이 생기도록 한다. 김가루를 준비한다.

완성하기

6/

현미곤약밥을 그릇에 담는다.

7/

새싹채소, 아보카도, 나또, 김가루를
올린다. 명란 마요소스를 올린 후
참기름, 통깨, 쪽파를 뿌린다.

재료(2인분 / 10분)

- 현미곤약밥 2개
  (또는 대파 콜리볶음밥 47쪽)
- 새싹채소 80g
- 아보카도 1개
- 나또 2팩(80g)
- 김가루 약 2컵(20g)
- 참기름 1작은술
- 통깨 약간
- 송송 썬 쪽파 약간(생략 가능)

명란 마요소스

- 명란 큰 것 2개(약 120g)
- 키토 마요네즈 6큰술(39쪽)
- 다진 마늘 1/2작은술(생략 가능)
- 와사비 2작은술
- 스리라차소스 2작은술

주키니 미니버거

"빵 대신 주키니를 활용해 한입에 쏙쏙 빼먹을 수 있게 만든 미니 버거예요.
입 안에 꽉 차서 모든 맛이 어우러지면 더 맛있답니다.
주키니 대신 가지나 애호박을 활용해도 돼요."

재료 준비하기

1/ 주키니는 1cm 두께로 썰어 24조각을 만든다.
2/ 방울토마토는 2등분하고, 슈레드 체다치즈를 준비한다.
3/ 다진 쇠고기는 키친타월로 감싸 핏물을 없앤 후 12등분 한다.
   썬 주키니 크기에 맞춰 동글납작한 모양의 패티를 만든다.

완성하기

4/

달군 팬에 올리브유를
두른 후 주키니를 넣고
소금, 후춧가루를 뿌려 뒤집어가며
센 불에서 2~3분간 구워 덜어둔다.

5/

팬을 다시 달군 후 올리브유를 두르고
쇠고기 패티를 올린다. 소금, 후춧가루,
이탈리안 시즈닝을 뿌린다.
중간 불에서 3~4분간 구운 후
뒤집어 다시 소금, 후춧가루,
이탈리안 시즈닝을 더 뿌려
약한 불에서 4~6분간 굽는다.

6/

패티가 다 익으면 치즈를 듬뿍
올린 후 뚜껑을 덮고 불을 끈 다음
남은 열로 치즈를 녹인다.

7/

주키니 위에 구운 패티를 올리고
키토 마요네즈나 토마토케첩을
바른 후 다시 주키니를 올린다.
방울토마토를 올리고 꼬치를 끼운다.
같은 방법으로 12개를 모두 완성한다.

재료(2인분 / 35분)

- 주키니 1개
- 다진 쇠고기 400g
- 방울토마토 6개
- 슈레드 체다치즈 1컵
  (또는 슬라이스 체다치즈 6장)
- 소금 약간
- 후춧가루 약간
- 이탈리안 시즈닝 약간
- 키토 마요네즈(39쪽) 또는
  키토 토마토케첩(26쪽) 약간
- 올리브유 2큰술

Tip 이탈리안 시즈닝 이해하기

이탈리아 요리에 많이 쓰이는 바질,
오레가노, 타임, 파슬리, 로즈마리 등의
허브를 말려 굵게 가루내 담은 것.
고기나 해산물, 채소 등을 요리할 때
활용하면 풍부한 풍미를 더할 수 있다.

키토 분짜

"키토식을 하기 전, 베트남 쌀국수 요리 중 하나인 분짜를 정말 좋아했어요.
탄수화물이 많은 메뉴라서 이제는 먹지 않지만 생각날 때면 곤약면으로 만들어 먹지요.
고수를 좋아하지 않는다면 넣지 않아도 돼요."

재료 준비하기

1/ 쇠고기에 알룰로스를 넣고 버무려 10분간 재운다.
2/ 곤약면은 체에 밭쳐 찬물에 헹군 후 그대로 물기를 뺀다.
3/ 샐러드채소와 고수는 씻어 물기를 뺀다.
4/ 고기볶음양념의 모든 재료를 섞는다.
5/ 분짜소스의 모든 재료를 미리 섞어 냉장고에 넣어 차게 한다.

완성하기

6/

달군 팬에 올리브유를 두른 후
다진 파를 넣고 약한 불에서 1분간
볶아 파기름을 낸다.

7/

쇠고기, 고기볶음양념을 넣고
센 불에서 고기가 다 익을 때까지
4~5분간 볶는다.

8/

2개의 그릇을 준비해 하나에는
곤약면과 샐러드채소, 다른 하나에는
볶은 쇠고기와 고수잎을 담는다.
분짜소스를 곁들여 모든 재료를
소스에 찍어 먹는다.
★ 고수의 줄기는 송송 썰어 고기 위에
뿌리거나 소스에 넣어도 좋다.

재료(2인분 / 30분)
- 쇠고기 불고기감 600g
- 곤약면 2봉지(400g)
- 샐러드채소 300g
  (어린잎채소나 새싹채소)
- 고수잎 약간
- 알룰로스 2큰술
- 다진 파 1큰술
- 올리브유 2큰술

고기볶음양념
- 간장 1큰술
- 어간장 1큰술
- 술(소주나 청주) 1큰술
- 다진 마늘 1/2큰술
- 후춧가루 1작은술

분짜소스
- 송송 썬 청양고추 2개
- 송송 썬 홍고추 1개(생략 가능)
- 피쉬소스 4큰술(또는 액젓)
- 라임즙 3큰술(또는 레몬즙)
- 화이트와인 식초 2큰술
- 물 6큰술
- 알룰로스 1과 1/2작은술

평일 저녁, 팬 하나로 만드는 키토 식단

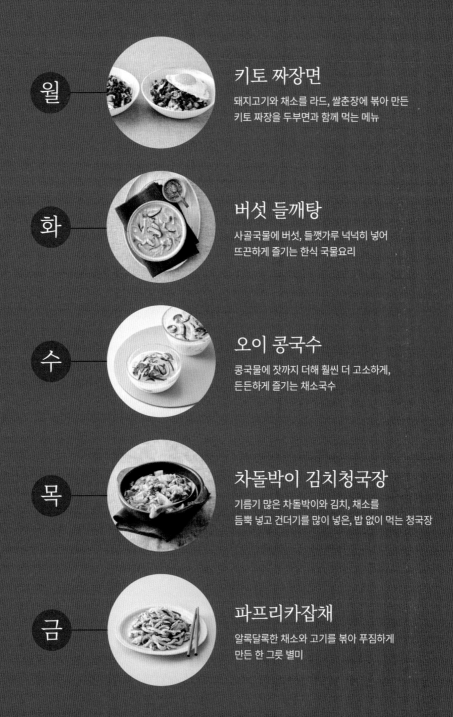

월 — 키토 짜장면

돼지고기와 채소를 라드, 쌀춘장에 볶아 만든
키토 짜장을 두부면과 함께 먹는 메뉴

화 — 버섯 들깨탕

사골국물에 버섯, 들깻가루 넉넉히 넣어
뜨끈하게 즐기는 한식 국물요리

수 — 오이 콩국수

콩국물에 잣까지 더해 훨씬 더 고소하게,
든든하게 즐기는 채소국수

목 — 차돌박이 김치청국장

기름기 많은 차돌박이와 김치, 채소를
듬뿍 넣고 건더기를 많이 넣은, 밥 없이 먹는 청국장

금 — 파프리카잡채

알록달록한 채소와 고기를 볶아 푸짐하게
만든 한 그릇 별미

장보기 * 없는 재료만 체크해서 구매하세요.

밀프렙하기

🥩 고기

- ☐ 다진 돼지고기 600g
- ☐ 돼지고기 잡채용 600g
- ☐ 차돌박이 500g

🍄 버섯 & 채소

- ☐ 만가닥버섯 150g
- ☐ 표고버섯 8개
- ☐ 오이 2개
- ☐ 양배추 1/4통(150g)
- ☐ 파프리카 1개
- ☐ 애호박 1과 1/2개
- ☐ 당근 1개
- ☐ 가지 1개(150g)
- ☐ 양파 약 4개
- ☐ 대파 2대
- ☐ 청양고추 1개(생략 가능)

🫙 양념류

- ☐ 라드
- ☐ 올리브유
- ☐ 참기름
- ☐ 통깨
- ☐ 들깻가루
- ☐ 소금
- ☐ 후춧가루
- ☐ 알룰로스
- ☐ 간장
- ☐ 어간장
- ☐ 다진 마늘
- ☐ 술(소주나 청주)
- ☐ 쌀춘장 150g(25쪽)
- ☐ 청국장 200g

🥒 가공품 & 기타

- ☐ 묵은지 1/2컵
  (또는 잘 익은 배추김치, 100g)
- ☐ 시판 사골국물 2와 1/2컵
  (첨가물 없는 무염 제품, 500㎖,
  또는 사골농축액)
- ☐ 시판 콩물 1ℓ
  (설탕과 GMO 콩이 없는 제품)
- ☐ 잣 2줌
- ☐ 두부면 1팩(100g, 또는
  대파 콜리볶음밥 1공기)

1/ 고기는 2일내 먹을 것을 제외하고는
   바로 냉동시킨다. 요리 전날 냉장실로
   옮기거나, 요리 전 전자레인지로
   해동시킨다. 해동 후 키친타월로 감싸
   꼭꼭 눌러 핏물을 최대한 없앤 후
   요리한다.

2/ 채소는 미리 씻어 물기를 없앤 후
   요리별로 나눠 담아둔다. 잎채소는
   키친타월로 감싼 후 보관해야
   싱싱하게 보관된다.

3/ 여러 가지 재료를 섞는 양념은 미리
   섞어두면 편하다.

키토 짜장면

"유튜브 지방시 채널에서 히트친 레시피! 밀가루와 설탕이 들어있는 일반 춘장 대신 쌀춘장(25쪽)을 추천해요. 당은 조금 있지만, 쌀가루로 만들어 속이 편하지요. 두부면과 함께 짜장면으로 먹어도 좋고요, 대파 콜리볶음밥에 반숙 달걀프라이를 더해 비벼 먹어도 정말 맛있어요."

재료(2인분, 키토짜장 5~6인분 / 40분)
- 두부면 1팩(100g, 또는
  대파 콜리볶음밥 1공기, 47쪽)

키토 짜장
- 다진 돼지고기 600g
- 당근 1개
- 애호박 1개
- 양배추 1/4통(150g)
- 양파 1개(큰 것, 300g)
- 대파 1대
- 쌀춘장 150g(춘장 염도나
  기호에 따라 가감, 25쪽)
- 알룰로스 3큰술
- 라드 1컵(200㎖)

Tip

남은 키토 짜장 보관하기
뜨거울 때 작은 밀폐용기에 한 번 먹을
분량씩 넣고 바로 뚜껑을 닫아 냉장 보관하면
2주까지 가능하다. 그대로 전자레인지에
데우거나, 팬에 다시 볶아 먹으면 좋다.

해산물을 더해 키토 짜장 만들기
새우, 오징어 등을 더해도 맛있다.
해산물은 먹기 좋게 썰어 ⑦번 과정에서
애호박과 함께 넣고 끓인다.
단, 해산물이 들어가면 오래 보관하기
어려우니 바로 먹는 것이 좋다.

재료 준비하기

1/ 두부면은 체에 밭쳐 물기를 뺀다.
2/ 다진 돼지고기는 키친타월로 감싸 물기를 없앤다.
3/ 당근, 애호박, 양배추, 양파는 사방 1cm 크기로 깍둑 썬다.
3/ 대파는 송송 썬다.

완성하기

4/

큰 냄비를 달군 후 라드를 녹인 다음
송송 썬 대파를 넣고 중약 불에서
7~8분간 파가 타지 않고
향이 우러나게 볶는다.

5/

양파를 넣고 중간 불에서 1분,
다진 돼지고기를 넣고 5분간 볶는다.
이때, 고기가 뭉치지 않도록
주걱으로 으깨가며 볶는다.

6/

쌀춘장을 넣고 기름에 튀기듯이 6분간
볶는다. 알룰로스를 넣고 섞는다.

7/

당근, 애호박을 넣고 2분,
양배추를 넣고 끓어오르면 불을 끈다.
그릇에 두부면, 키토 짜장을 올린다.
★ 반숙 달걀프라이나 오이채를
곁들여도 맛있다.

영상으로 배우기

129

버섯 들깨탕

"사골국은 장 누수 치료에도 좋다고 알려져 있지만 밋밋한 맛에 살짝 질렸다면
버섯을 듬뿍 넣고 들깨탕으로 끓여보면 어떨까요? 진짜 별미예요. 건더기가 듬뿍!
시판 사골국물은 첨가물이 없는 제품으로 잘 고르도록 하세요."

재료(2인분 / 20분)

- 시판 사골국물 2와 1/2컵
  (첨가물 없는 무염 제품, 500㎖)
- 만가닥버섯 150g
  (또는 느타리버섯)
- 표고버섯 8개
- 양파 3/4개(150g)
- 간장 1큰술
- 들깻가루 2큰술
- 소금 약간
- 후춧가루 약간
- 라드 1큰술

재료 준비하기

1/ 시판 사골국물을 준비한다.
2/ 만가닥버섯은 가닥가닥 뜯고, 표고버섯은 밑동을 떼고 0.5cm 두께로 썬다.
3/ 양파는 0.5cm 두께로 썬다.

Tip **시판 사골농축액 추천**

'엉클앤파파 사골농축액' 제품 추천.
사용할 경우 사골농축액 3팩에
물 2와 1/2컵(500㎖)을 섞는다.
간이 되어 있는 제품이라면
국간장의 양을 가감한다.

완성하기

4/

달군 냄비에 라드를 녹인 후 양파를
넣고 중간 불에서 2분간 볶는다.

5/

모든 버섯을 넣고 센 불에서
5분간 볶는다.

6/

사골국물, 간장, 들깨가루를 넣고
끓어오르면 5분간 끓인다.
부족한 간은 소금, 후춧가루로 맞춘다.

오이 콩국수

"밀가루 국수 대신 오이로 채소면을 만들어 아작아작 씹는 재미가 남다른 콩국수예요.
잣은 지방이 많은 견과류로, 콩국수랑 잘 어울린답니다. 한 줌 넉넉히 넣어
진하고 고소한 잣의 풍미까지 함께 즐기세요."

재료(2인분 / 5분)

- 오이 2개
- 시판 콩물 1ℓ
  (소이퀸 진한 콩물 추천)
- 잣 2줌
- 소금 1/2작은술
- 토핑(방울토마토나 통깨) 약간

재료 준비하기

1/ 오이는 굵은소금이나 칼슘 파우더로 골고루 문질러 깨끗이 씻는다.
2/ 오이는 채소면 필러나 스파이럴라이저를 이용해 오이면을 뽑는다.
　★ 도구가 없다면 잘게 채 썰어도 된다.
3/ 시판 콩물과 잣을 준비한다.

완성하기

4/

오이면을 그릇에 담고
콩물을 붓는다.

5/

잣을 뿌리고 방울토마토나 통깨
토핑으로 올려 색감을 더한다.
기호에 따라 소금으로 간을 맞춘다.

차돌박이 김치 청국장

"키토식에서 콩은 권장식품이 아니지만 발효 된장, 청국장, 나또는 권하지요. 어릴 때 엄마가
청국장을 먹이려고 김치와 어묵을 넣어 끓여주시곤 했는데, 전분이 많이 든 어묵만 빼고 만들어도
맛있더라구요. 밥 없이 푹푹 퍼먹을 거라 간을 약하게, 건더기를 듬뿍 넣어 만들었어요."

재료 준비하기

1/ 차돌박이, 청국장을 준비한다.
   ★ 차돌박이에 핏물이 많다면 키친타월로 감싸 핏물을 없앤다.
2/ 애호박과 양파는 1.5cm 크기로 썬다.
3/ 대파와 청양고추는 어슷 썬다.
4/ 묵은지는 1.5cm 크기로 썬다.

완성하기

5/

달군 냄비에 올리브유를 두르고
차돌박이를 넣어 센 불에서 2분간
전체적으로 살짝 익을 때까지
볶는다.

6/

묵은지와 술을 넣고 5분간 볶는다.

7/

애호박, 양파를 넣고 섞은 후 물(3컵)을
붓는다. 센 불에서 끓어오르면 뚜껑을
덮고 중간 불로 줄인 후 10분간 끓인다.

8/

청국장을 푼 후 대파, 청양고추,
다진 마늘, 어간장을 넣어 섞는다.
간을 본 후 기호에 따라 소금을
더한다. 뚜껑을 열고 끓어오르면
불을 끈다.

재료(2인분 / 30분)

- 차돌박이 500g
  (또는 우삼겹)
- 청국장 200g
  (김구원선생 장단콩, 맥청국장 추천)
- 애호박 1/2개
- 양파 3/4개
- 대파 1대
- 청양고추 1개(생략 가능)
- 묵은지 1/2컵(100g,
  또는 잘 익은 키토 배추김치 25쪽)
- 술(소주나 청주) 2큰술
- 다진 마늘 1작은술
- 어간장 1큰술
- 소금 약간
- 올리브유 1큰술
- 물 3컵(600㎖)

파프리카잡채

"아삭아삭 식감이 즐거운 잡채입니다. 간을 약하게해서 많이 먹어도 부담이 없어요.
넉넉히 먹어도 좋은 메뉴라서 3~4인분 분량으로 레시피를 소개했어요. 남은 건 밀폐용기에 넣어
냉장실에 두었다가 다음 날 도시락으로 가져가면 좋아요."

재료(3~4인분 / 20분)
- 돼지고기 잡채용 600g
- 파프리카 1개
  ★ 알록달록한 색을 위해 색깔별로
  조금씩 섞어 사용하면 좋다.
- 양파 1개
- 가지 1개(150g)
- 술(소주나 청주) 2큰술
- 소금 약간
- 후춧가루 약간
- 올리브유 4큰술

양념
- 간장 3큰술
- 알룰로스 1큰술
- 참기름 2큰술
- 통깨 1작은술

재료 준비하기

1/ 돼지고기 잡채용을 준비한다.
2/ 파프리카는 0.5cm 두께로 채 썬다. 양파도 같은 두께로 채 썬다.
3/ 가지는 4등분한 후 길게 반으로 썬다.
  가운데 씨 부분을 잘라내고 0.5cm 두께로 썰어 다른 채소와 비슷한 크기로 만든다.
4/ 모든 양념 재료를 섞는다.

완성하기

5/

깊은 팬을 달군 후 올리브유를
두르고 돼지고기를 넣어
센 불에서 3분간 볶는다.

6/

술, 소금, 후춧가루를 넣어 4~5분간
볶은 후 큰 볼에 덜어둔다.

7/

팬을 다시 달군 후 파프리카, 양파,
가지를 넣고 센 불에서 1~2분간 아삭하게
볶는다. 뜨거울 때 ⑥의 볼에 넣는다.

8

볼에 양념을 넣고 버무린다.

8

평일 저녁, 팬 하나로 만드는 키토 식단

월

삼치구이와 와사비마요

등푸른생선인 삼치를 와사비 마요소스에 찍어
구운 채소와 함께 먹는, 재료의 맛을 고스란히 즐기는 메뉴

화

게살 크림리조또

게살, 생크림, 콜리플라워 라이스로 만든
키토인을 위한 고소한 크림 리조또

수

밥 없는 키토 참치김밥

달걀, 참치 마요무침, 당근라페가
환상적으로 어우러진, 자꾸 손이 가는 키토 김밥

목

토마토 치즈구이

토마토와 생 모짜렐라 치즈를 엇갈리게 담아 오븐에
구운 별미. 드라이한 와인 한 잔 곁들여도 좋은 메뉴

금

데리야끼 목살 스테이크덮밥

키토 데리야끼 소스에 졸인 돼지고기를
콜리플라워 라이스, 달걀과 함께 먹는 든든한 한 끼

장보기 * 없는 재료만 체크해서 구매하세요.

🥩 고기 & 해산물 & 달걀

- ☐ 돼지고기 목살 300g
  (두툼하게 1.5cm 두께로 썬 것)
- ☐ 냉동 손질 삼치 600g
  (또는 고등어)
- ☐ 냉동 게살 200g
- ☐ 달걀 5개

🍄 버섯 & 채소 & 과일

- ☐ 다진 자투리 채소 1컵
  (애호박, 양파, 버섯 등,
  또는 냉동 볶음밥용 채소, 150g)
- ☐ 깻잎 4장
- ☐ 생강편 2~3조각
- ☐ 토마토 2개
- ☐ 청양고추 2개

🫑 가공품 & 기타

- ☐ 콜리플라워 라이스 350g
- ☐ 생 모짜렐라 치즈 2개(250g)
- ☐ 파르미지아노 레지아노치즈 약간
  (또는 그라나파다노치즈)
- ☐ 생크림 약 1컵(200㎖)
- ☐ 김밥용 김 2장
- ☐ 통조림 참치 작은 것 2캔(200g)

🍶 양념 & 소스

- ☐ 버터
- ☐ 올리브유
- ☐ 통깨
- ☐ 소금
- ☐ 후춧가루
- ☐ 알룰로스
- ☐ 간장
- ☐ 어간장
- ☐ 다진 파
- ☐ 맛술
- ☐ 와사비
- ☐ 레몬즙
- ☐ 참기름
- ☐ 화이트와인(또는 소주나 청주)
- ☐ 키토 마요네즈(39쪽)
- ☐ 바질페스토 2큰술
  (또는 깻잎페스토 41쪽)

🍥 미리 만들어두는 곁들임 메뉴

- ☐ 당근라페(51쪽)
- ☐ 대파 콜리볶음밥(47쪽)

밀프렙하기

1/ 고기는 2일내 먹을 것을 제외하고는
   바로 냉동시킨다. 요리 전날 냉장실로
   옮기거나, 요리 전 전자레인지로
   해동시킨다. 해동 후 키친타월로 감싸
   꼭꼭 눌러 핏물을 최대한 없앤 후
   요리한다.

2/ 냉동 삼치와 게살은 전날 냉장실에
   넣어두거나 요리 전 비닐째 찬물에
   담가 살짝 말랑해질 때까지 해동한다.

3/ 채소는 미리 씻어 물기를 없앤 후
   요리별로 나눠 담아둔다. 잎채소는
   키친타월로 감싼 후 보관해야
   싱싱하게 보관된다.

4/ 여러 가지 재료를 섞는 양념은 미리
   섞어두면 편하다.

추천 곁들임
모둠 채소구이(48쪽)

삼치구이와 와사비마요

"삼치구이는 와사비 마요소스와 꼭 함께 먹어요. 지방량 보충에도 좋고, 생선의 비린 맛도
잡아주기 때문이지요. 이 메뉴에는 모둠 채소구이(48쪽)를 곁들여 먹으면 맛도 영양적으로도
완성도가 높아진답니다. 부추 치커리무침(44쪽)도 잘 어울리니 기호에 따라 선택하세요."

재료(2인분 / 20분)

- 냉동 손질 삼치 600g
  (또는 고등어)
- 올리브유 2~3큰술

와사비 마요소스

- 키토 마요네즈 4큰술(39쪽)
- 레몬즙 2작은술
- 와사비 1작은술

재료 준비하기

1/ 냉동 손질 삼치는 전날 냉장실에 넣어두거나
    요리 전 비닐 포장째 찬물에 담가 살짝 말랑해질 때까지 해동시킨다.
    구울 때 물기가 튀지 않게 키친타월로 감싸 물기를 최대한 없앤다.

2/ 와사비 마요소스의 모든 재료를 섞는다.

완성하기

3/

달군 팬에 올리브유를 두르고
삼치를 넣어 중간 불에서 3분간 굽는다.
뒤집어 약한 불로 줄여 4분간 굽는다.
다시 뒤집어 2~4분간 완전히 굽는다.
그릇에 담고 와사비 마요소스를 곁들인다.
★ 구울 때 기름 튀는 것이 부담된다면
종이포일을 한 장 덮어 구워도 좋다.
★ 삼치의 두께에 따라 굽는 시간을
가감해도 좋다.

게살 크림리조또

"대학 때 단골로 가던 게살 크림파스타 맛집이 있어요. 키토식을 시작하고 파스타는
끊었지만, 게살 크림이 너무 생각나 이 메뉴를 만들게 되었답니다. 콜리플라워 라이스로도
제법 리조또 느낌이 나서 만족스러워요."

재료(2인분 / 20분)

- 냉동 콜리플라워 라이스 350g
- 냉동 게살 200g
- 다진 자투리 채소 1컵
  (애호박, 양파, 버섯 등,
  또는 냉동 볶음밥용 채소, 150g)
- 다진 파 3큰술
- 화이트와인 1/2컵
  (또는 소주나 청주, 100㎖)
- 생크림 약 3/5컵(120㎖)
- 간장 1/2큰술
- 어간장 1/2큰술
- 소금 1/4작은술
- 후춧가루 약간
- 버터 4큰술(40g)

재료 준비하기

1/ 콜리플라워 라이스와 생크림을 준비한다.
2/ 냉동 게살은 전날 냉장실에 넣어두거나 요리 전 포장 그대로 찬물에 담가 해동한다.
   키친타월로 감싸 물기를 없앤다.
3/ 다진 자투리 채소, 다진 파를 준비한다.
   ★ 냉동 볶음밥용 채소를 쓸 경우 해동 없이 조리한다.

완성하기

4/

달군 팬에 버터를 녹이고 다진 파를
넣어 약한 불에서 1분간 볶아 향을
낸다. ★ 버터가 타기 쉬우니 불세기에
주의한다.

5/

게살, 화이트와인을 넣고
센 불에서 2분간 볶아 잡내를 날린다.
★ 센 불로 잡내는 날리고 불향은
더하는 '플람베'를 해주면 더 맛있다.

6/

콜리플라워 라이스와
다진 자투리 채소를 넣고
센 불에서 3분간 볶는다.

7/

생크림, 간장, 어간장을 넣고 섞은 후
자박해질 때까지 3~5분간 끓인다.
소금, 후춧가루로 간을 맞춘다.
★ 매콤한 맛을 좋아하면 송송 썬
청양고추 1/2~1개를 넣어도 좋다.

밥 없는 키토 참치김밥

"당근라페(51쪽)를 미리 만들어 놓았다면, 15분도 안걸려 후다닥 만들 수 있는
밥 없는 키토 김밥이에요. 당근라페가 단무지 역할을 톡톡히 한답니다. 전형적인 동글 김밥과
SNS에서 유행했던 사각김밥 만드는 법 모두 알려드리니 원하는 방법으로 준비하세요."

144

재료(1인분 / 15분 + 당근라페 만들기)

- 김밥용 김 2장
- 당근라페 2컵(140g, 51쪽)
- 통조림 참치 작은 것 2캔(200g)
- 키토 마요네즈 3큰술(39쪽)
- 다진 청양고추 2개분
- 달걀 4개
- 생크림 1/2컵(100㎖)
- 소금 1작은술
- 깻잎 4장
- 올리브유 약간
- 참기름 약간
- 통깨 약간

재료 준비하기

1/ 당근라페(51쪽)를 만든다.
2/ 통조림 참치는 체에 밭쳐 기름기를 빼고 키토 마요네즈, 다진 청양고추와 섞는다.
3/ 볼에 달걀을 풀고 생크림, 소금을 넣어 잘 섞는다.
4/ 깻잎은 씻어서 물기를 없앤다.

완성하기

5/

달군 팬에 올리브유를 두르고
키친타월로 살짝 닦아낸다.
달걀물을 붓고 얇게 펼친 후
약한 불에 2~3분, 뒤집어 30초~1분간
익혀 지단을 만든다.
한김 식힌 후 돌돌 말아 채 썰어
달걀지단을 만든다.
★ 팬의 크기에 따라 나눠 부쳐도 좋다.

동글 김밥으로 만들기

6/

김을 깔고 달걀 지단 → 당근라페 →
깻잎 → 참치 마요네즈무침 1/2분량씩을
올린다.

돌돌 말아 김의 끝에 물을 묻혀 붙인다.
참기름, 통깨를 뿌린 후 썬다.
같은 방법으로 1개 더 만든다.

사각김밥으로 만들기

6/

Ⓐ 김밥 김을 가운데가 잘리지 않도록
   사진과 같이 가로로 가위집을 넣는다.

Ⓑ 김의 4군데에 당근라페, 달걀 지단,
   깻잎, 참치 마요네즈무침 1/2분량씩을 올린다.

Ⓒ~Ⓕ 사진을 참고해 접어 완성한다.
   같은 방법으로 1개 더 만든다.

추천 곁들임
견과류 키토빵(53쪽)

토마토 치즈구이

"만들기 쉽고, 간단하면서도 맛있게 먹을 수 있어 바쁜 직장인들을 위한 저녁 키토식으로
딱 좋은 메뉴예요. 이것만 먹어도 좋고, 견과류 키토빵(53쪽)을 곁들여도 잘 어울려요.
토마토를 한입에 먹기 편하게 썰면 도시락으로도 제격이지요."

재료 준비하기

1/ 토마토는 아랫부분이 이어지도록 1cm 간격으로 칼집을 낸다.
★ 사진처럼 두 개의 젓가락 사이에 걸친 후 썰면
젓가락 높이만큼 썰리지 않아 칼집내기가 쉽다.

2/ 생 모짜렐라 치즈는 1cm 두께로 썬다.

3/ 파르미지아노 레지아노치즈와 바질페스토를 준비한다.

완성하기

4/

오븐(또는 에어프라이어)은
200℃로 예열한다. 내열용기에
토마토를 넣고 칼집 사이사이에
생 모짜렐라 치즈를 끼운다.

5/

소금, 후춧가루를 뿌린다.
200℃로 예열한 오븐(또는
에어프라이어)에서 15분간 굽는다.

6/

올리브유를 두른 후 파르미지아노
레지아노치즈를 갈아 올리고
바질페스토를 곁들인다.
★ 굽기 전에 올리브유, 바질페스토를
올려도 좋다.

재료(2인분 / 20분)

- 토마토 2개
- 생 모짜렐라 치즈 2개(250g)
- 올리브유 2큰술
- 소금 1/4작은술
- 후춧가루 1/4작은술
- 시판 바질페스토 2큰술
  (또는 깻잎페스토 41쪽)
- 파르미지아노 레지아노치즈 약간
  (또는 그라나파다노치즈)

데리야끼 목살 스테이크 덮밥

"좀 짭짤한 스테이크라서 단독으로 먹기보단 콜리플라워 라이스, 달걀프라이 등과
함께 먹는 것이 좋아요. 오목한 그릇에 대파 콜리볶음밥을 담은 후 구운 데리야끼 스테이크를
썰어 올리고 반숙 달걀프라이를 곁들이면 일본식 덮밥처럼 먹을 수 있지요."

재료(2인분 / 35분)

- 대파 콜리볶음밥 1공기(47쪽)
- 돼지고기 목살 300g
  (두툼하게 1.5cm 두께로 썬 것)
- 달걀 1개
- 간장 2와 2/3큰술
- 맛술 2큰술(당 없는 제품)
- 물 2큰술
- 알룰로스 3큰술
- 생강편 2~3조각
- 올리브유 1큰술

재료 준비하기

1/ 대파 콜리볶음밥(47쪽)을 준비한다.
2/ 돼지고기 목살과 달걀을 준비한다.

Tip 반숙 달걀프라이 만들기

달군 팬에 올리브유를 두르고 달걀을 넣어
약한 불에서 1분 30초간 그대로 익힌다.

완성하기

3/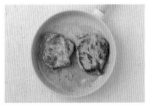

팬에 반숙 달걀프라이를 만든 후
덜어둔다. 다시 팬에 올리브유를
두르고 돼지고기 목살을 넣어
센 불에서 2분, 뒤집어서 1분 정도
겉을 바싹 구운 후 덜어둔다.

4/

같은 팬에 간장, 맛술, 물, 알룰로스,
생강편을 넣고 중간 불에서
저어가며 1/3정도 줄어들 때까지
1~2분 정도 졸인다.

5/

구워둔 목살을 넣고 약한 불에서
8~10분간 숟가락으로 소스를
끼얹으면서 고기 겉면이
간장색이 될 때까지 졸인다.
가위로 먹기 좋게 자른다.

6/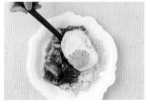

그릇에 대파 콜리볶음밥을 담고
⑤의 고기를 올린 후
반숙 달걀프라이를 올린다.

chapter 2

여유로운 주말에 즐기는 오리지널 키토식

"주말만큼은 제대로 만든 진정한 고지방식을 먹습니다. 그렇게 한 다음 날이면,
어김없이 몸이 가볍고 체중이 줄어있지요. 키토 다이어트 효과인 거죠.
조리시간은 좀 걸리지만, 남편과 제가 모두 좋아하는 진짜 키토식 메뉴들을
여기 싹 모아 알려드려요. 대부분의 고기 메뉴들은 넉넉히 만들어 실컷
먹은 후 남으면 냉장실에 넣어두었다가 회사에 도시락으로
가져가도 되는 것들이라 실용적이지요.
또한 이번 챕터에서는 출출할 때 먹어도 좋고, 아침식사로도 활용하기에도
좋은 키토 간식과 음료도 소개했어요. 대부분 간단한 것들이니
부담 없이 만들 수 있어요. 시간 여유가 있을 때 미리 준비해 놓아도 좋지요.
마지막으로 가장 재구매를 많이 하는 시판 키토 간식과 음료 제품들도
추천했으니 쇼핑할 때 참고하세요."

다이어트 효과까지 확실한 주말 오리지널 키토식

아침식사로도, 출출할 때도 탄수화물 걱정 없는 키토 간식 & 음료

WEEKEND

고든램지 삼겹

"제 SNS에서도 여러 번 언급했던 체중 감량 효과 최고의 키토식이에요. 아마도 지방, 단백질, 탄수화물의 비율이
기본 키토식에 가장 근접해서겠지요. 당질 제한식에 가까운 제 메뉴들 중 지방량이 가장 많은 메뉴랍니다.
스타 셰프인 고든램지는 지방을 다 걷어냈지만, 저는 전부 소스로 사용했어요. 조리 시간이 오래 걸리지만
어렵지 않으니, 또한 지방량도 많고, 가장 키토식에 어울리는 메뉴이니 꼭 시도해보세요."

주말 오리지널 기본식

재료(3~4인분 / 2시간)

- 통삼겹살 1kg
- 굵은소금 1큰술
- 이탈리안 시즈닝 1큰술
- 양파 1개
- 마늘 4쪽
- 치킨스톡 1포
- 물 2컵(400㎖)
- 화이트와인 1컵(200㎖)
- 말린 로즈마리 1작은술
- 월계수잎 2장
- 홀그레인 머스터드 1큰술
- 올리브유 2큰술

도구
불 위(직화나 인덕션)와 오븐 모두
사용 가능한 팬(스팬이나 무쇠 등)

이탈리안 시즈닝 이해하기
이탈리아 요리에 많이 쓰이는 바질,
오레가노, 타임, 파슬리, 로즈마리 등의
허브를 말려 굵게 가루내 담은 것.
고기나 해산물, 채소 등을 요리할 때
활용하면 풍부한 풍미를 더할 수 있다.

치킨스톡 이해하기
블록형 제품은 거의 MSG나
설탕이 첨가되어 있어서
없는 제품을 구매하는 편이다.
'올계 유기농 MSG 무첨가 제품' 추천.

1/

통삼겹살은 팬의 크기에 맞춰
2~3등분한다. 지방 부분에
벌집 모양으로 굵게 칼집을 낸다.
★ 통삼겹살은 1kg 통째로
사용해도 좋다.

2/

고기의 칼집 사이사이에 굵은소금을
문질러 넣어준다. 이렇게 하면 껍질이
바삭해진다.

3/

앞뒤로 이탈리안 시즈닝을
문질러 맛이 스며들도록 한다.

4/
양파는 큼직하게 8등분한다.
마늘은 2등분한다. 큰 볼에 치킨스톡과
물(2컵)을 섞는다.

5/

달군 팬(직화나 인덕션, 오븐
모두 사용 가능한 팬)에
올리브유를 두르고 양파, 마늘을
넣어 센 불에서 2분간 볶는다.
★ 오븐은 180℃로 예열한다.

6/

양파, 마늘을 팬의 가장자리로
밀어둔다. 가운데 빈 자리에 통삼겹살의
껍질 부분이 팬의 바닥에 닿게 올린다.
센 불에서 4분, 뒤집어서 3분간 굽는다.

154

7/

화이트와인을 붓고 끓어오르면
④의 치킨스톡 육수, 말린 로즈마리,
월계수잎를 넣고 끓어오르면 불을 끈다.

8/

팬 그대로 오븐 팬에 올린다.
180℃로 예열한 오븐에서
1시간 30분 정도 익힌다.

9/

팬은 그대로 두고,
고기는 따로 덜어두고, 월계수잎은
없앤다.

10/

⑨의 팬에 홀그레인 머스터드를 넣은 후
핸드블렌더로 곱게 간다.
★ 조리했던 팬의 깊이가 너무 낮으면
튈 수 있으니 깊은 볼에 옮겨서 간다.

11/

⑩을 다시 한 번 센 불에서 끓어오르면
1분 30초간 저어가며 끓여 소스를
만든다. 그릇에 ⑨의 고기를 썰어 담고
소스를 곁들인다.
★ 샐러드, 생허브(이탈리안 파슬리나
고수 등)와 함께 먹으면 잘 어울린다.

키토 돈까스와 양배추 샐러드

"흔히 먹는 돈까스 맛이 전혀 부럽지 않은 키토 돈까스예요. 밀가루, 빵가루 없이도 정말 맛있는 돈까스를 만들 수 있답니다. 곱게 채 썬 양배추 샐러드를 곁들이면 잘 어울리지요. 돈까스소스는 '부먹'이나 '찍먹'으로 기호에 따라 선택하세요."

1/

양배추는 가늘게 채 썰고,
샐러드 드레싱 재료는 모두 섞는다.
★ 양배추는 양배추 전용 채칼로
가늘게 썰면 더 먹기 좋다.

2/

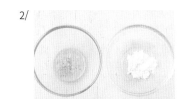

그릇에 튀김옷 재료 중 달걀을 깨서
담고 소금, 후춧가루를 넣어 푼다.
다른 그릇에 칡전분을 담는다.

3/

튀김옷 재료 중 치차론은
푸드프로세서로 빵가루 크기로 갈아
다른 넓은 볼에 담는다.

4/

돼지고기에 칡전분 → 달걀 → 치차론
순으로 묻힌다.

5/

팬에 돈까스가 자작하게 잠길 정도로
식용유를 붓고 센 불에서 달군다.
④를 1개씩 넣어 중간 불에서
앞뒤로 각각 2~3분간
노릇하게 익힌다.

6/

다른 작은 팬에 돈까스소스 재료를
넣고 센 불에서 끓어오르면 약한 불로
줄여 5분간 저어가며 끓인다.
그릇에 돈까스와 소스를 담고,
양배추와 드레싱을 곁들인다.
★ 레시피의 돈까스소스 양은 넉넉한
편이므로 먹을 만큼만 담는다. 남은
것은 일주일간 냉장 보관 가능.

재료(2인분 / 40분)

- 돼지고기 돈까스용 500g
- 양배추 8장(손바닥 크기, 240g)
- 식용유 적당량
  (돈까스가 자박하게 잠길 정도)

튀김옷

- 달걀 1개
- 소금 1/2작은술
- 후춧가루 1/2작은술
- 칡전분 3큰술(26쪽)
- 치차론 40g(시판 튀긴 돼지껍질, 27쪽)

돈까스소스

- 키토 바비큐소스 1/2컵
  (100㎖, 얼터나 스위츠 바비큐소스 추천)
- 키토 토마토케첩 1/2컵
  (또는 무설탕 토마토소스
  + 알룰로스 1~2작은술, 100㎖, 26쪽)
- 물 1/2컵(100㎖)
- 소금 1작은술

샐러드 드레싱

- 통깨 1/2큰술
- 간장 1큰술
- 화이트 와인식초 2큰술
- 알룰로스 1큰술
- 올리브유 1과 1/3큰술

키토 반반 족발

"시판 족발이 가진 당 성분이 걱정이라면 키토 족발은 만나보세요.
냉동 제품이라 오래 보관할 수 있지요. 저도 넉넉히 사다놓고 주말에 에어프라이어나
오븐에 구워 먹지요. 보통 양념 없이 구운 것과 매콤하게 양념한 것,
이렇게 반반 족발로 즐겨요. 준비 시간이 오래 걸리지 않으니 평일식으로도 추천해요."

158

1/

냉동 키토 족발은 냉장실에서
반나절 정도, 또는 상온에 3시간 정도
해동한다. 해동한 키토 족발은
먹기 좋게 떼어 놓는다.

2/

큰 볼에 매운 양념 재료를
넣고 섞는다.

3/

②의 볼에 ①의 족발 1/2분량을 넣고
버무린다.

4/

에어프라이어 또는 오븐을 180℃로
맞춘 후 양념하지 않은 족발과
양념한 족발을 구분해서 모두 넣고
7~8분간 굽는다.
★ 에어프라이어로 구울 때는
올리브유 스프레이를 약간 뿌린 후
족발을 넣는다. 오븐으로 구울 때는
오븐을 미리 예열한 후 오븐 팬에 펼쳐
담아 굽는다.

**재료(2~3인분 / 20분 +
키토 족발 해동하기)**
• 냉동 키토 족발 2팩(600g, 27쪽)

매운 양념
• 고춧가루 1큰술
• 다진 마늘 1/2큰술
• 다진 청양고추 1/2큰술
• 키토 고추장 2큰술(35쪽)
• 알룰로스 1큰술(기호에 따라 가감)
• 간장 1작은술
• 어간장 1작은술

Tip
오븐, 에어프라이어 대신 팬으로 굽기
에어프라이어나 오븐으로 구우면
꼬들거리는 식감이 있어 맛있지만,
없다면 팬에서 구워도 된다.
팬에서 구우면 부드러운 맛을 즐길 수
있다. 단, 잘못 구우면 흐물흐물해지니
주의하자. 팬에서 구울 때는 달군 팬에
올리브유 약간을 두르고 종이포일을 깐 후
키토 족발을 올린다. 뚜껑을 덮고
중간 불에서 한두 번 뒤집어가며
5~7분간 익힌다.

60분 무수분 수육

"특별히 손이 가지 않는데도 참 맛있게 완성되는 메뉴라서 주말이면 즐겨서 만들어 먹어요.
겉절이나 동치미, 부추무침 등과 함께 먹으면 찰떡궁합! 무설탕 만능 새우젓 양념장(34쪽)을 곁들이거나
만능 키토 쌈장(35쪽)을 더해 쌈을 싸서 먹으면 완전 맛있는 주말 특식이 되지요."

추천 곁들임
부추 치커리 무침(44쪽)

1/

통삼겹살은 냄비의 크기에 맞춰
2~3등분한다. 앞뒤로 소금, 후춧가루를
뿌린 후 10분 이상 재운다.

2/

양파는 대강 한입 크기로,
대파는 7~8cm 정도 길이로 썬 후
반으로 가른다.
★ 양파와 대파는 고기를 부드럽게 하고
잡내를 없애며 풍미를 더해준다.

3/

냄비에 올리브유를 두른 후
통삼겹살의 껍질 부분이
팬의 바닥에 닿게 올린다.

4/

양파, 대파를 올린 후 뚜껑을 덮고
중약 불에서 20분간 익힌다.

5/

뚜껑을 열고 고기를 뒤집은 후
다시 뚜껑을 덮고 20분간 익힌다.

6/

양파, 대파를 건져낸다.
뚜껑을 열고 중간 불에서 고기를
앞뒤로 각각 10분각 노릇하게 굽는다.
한입 크기로 썬다.

재료(2~3인분 / 1시간)

- 통삼겹살 1kg
- 양파 1개
- 대파 2대
- 소금 1작은술
- 후춧가루 1작은술
- 올리브유 2큰술

Tip 물에 삶는 수육으로 만들기

냄비에 통삼겹살(1kg), 잠길 만큼 물을
붓는다. 큼직하게 썬 대파(1대)와
양파(1개), 생강(1조각), 월계수잎(2장),
통후추(5~6알), 인스턴트 커피가루
(1/2큰술)를 넣는다. 센 불에서
끓어오르면 뚜껑을 덮고 중약 불에서
40~50분간 삶은 후 바로 건진 다음
찬물에 헹궈 한입 크기로 썬다.
삶은 후 바로 건져내지 않으면
남은 열에 의해 계속 익어 질겨질 수 있다.

등갈비 김치찜

"주말이면 김치찌개보다 등갈비, 두부, 김치, 채소 등을 넉넉히 넣은 등갈비 김치찜을 많이 해먹어요.
대파 콜리볶음밥(47쪽)이나 두툼 달걀말이(52쪽)까지 곁들이면 엄마밥상처럼 든든한
키토 한식을 제대로 즐길 수 있지요."

1/

등갈비는 30분 정도 찬물에 담가
핏물을 뺀다. 양파, 대파, 두부는
먹기 좋게 큼직하게 썬다.

2/

김치와 김치국물을 준비한다.

3/

냄비 바닥에 김치를 깔고
위에 등갈비를 올린다.

4/

양파, 대파(1/2분량만), 고춧가루,
다진 마늘, 김치국물, 사골국물을 넣고
중간 불에서 40분간 끓인다. 이때,
눌어붙지 않도록 중간중간 저어준다.

5/

간을 본 후 어간장을 넣는다.
★ 김치의 익은 맛이 덜해
새콤한 맛이 부족하면 식초 약간을
더해도 좋다.

6/

두부, 남은 대파를 넣고 뚜껑을 덮어
센 불에 5분간 더 끓인다.

재료(2~3인분 / 45분 +
등갈비 핏물 빼기 30분)

- 등갈비 1kg
- 김치 1/4포기(1kg, 25쪽)
- 양파 1개
- 대파 2대
- 두부 1모(생략 가능)
- 고춧가루 2큰술
- 다진 마늘 1/2큰술
- 어간장 1과 1/2큰술(기호에 따라 가감)
- 김치국물 1/2컵(100㎖)
- 시판 사골국물 4컵(800㎖)

레몬버터 치킨구이

"오븐에 넣어 굽기만 하면 뚝딱 만들 수 있는 요리예요. 은은하게 풍기는 레몬과 버터향이 매력적이지요.
만들어 바로 먹으면 껍질이 바삭하지만, 보관했다가 먹으면 식감이 물렁해지는 단점이 있어요.
도시락으로 가져갈 수도 있지만, 만든 즉시 먹어야 훨씬 더 맛있답니다."

1/

오븐 팬에 종이포일을 깐다.

2/

모둠 채소를 한입 크기로 썰어
큰 볼에 담은 후 올리브유, 소금,
후춧가루와 버무린다.

3/

②의 채소를 오븐 팬에 펼쳐 담는다.
오븐은 200℃로 예열한다.

4/

레몬버터소스 재료를 섞는다.
닭 껍질과 살 사이, 겉면에
소스를 골고루 펴 바른다.

5/

채소에 닭을 올린다.
200℃로 예열한 오븐에서
30분간 노릇하게 굽는다.

6/
오븐 팬을 꺼내 닭을 뒤집은 후
30분간 더 굽는다.
닭을 한번 더 뒤집어 10분간
완전히 익도록 굽는다.

재료(2~3인분 / 1시간 10분)
- 닭 1마리(1kg)
- 모둠 채소 400~500g
  (당근, 파프리카, 애호박, 방울양배추 등)
- 올리브유 2큰술
- 소금 1/2작은술
- 후춧가루 1/2작은술
- 레몬 슬라이스 1/2~1개분(생략 가능)

레몬버터소스
- 소금 1큰술
- 다진 마늘 1큰술
- 레몬즙 2큰술(1/2개분)
- 올리브유 2큰술
- 녹인 버터 2큰술(20g)
- 말린 로즈마리 1작은술

Tip 채소 사용하기

모둠 채소에 더하는 채소는 단단한
종류라면 무엇이든 좋다. 양파, 당근,
애호박, 파프리카, 양배추, 주키니 등
추천. 단, 총 분량이 400~500g이 되도록
맞추자.

버터 치킨커리

"전분은 거의 없고 향신료 풍미는 아주 진한 커리 페이스트나 파우더로 만드는 키토인을 위한 커리예요.
올리브유, 버터, 생크림, 닭다리살 등이 들어간 고지방 별미라서 주말은 물론 평일에도 즐겨서 해 먹는답니다.
콜리플라워 라이스(46쪽)나 현미 곤약밥 등과 함께 맛봐도 좋아요."

166

1/

양파는 얇게 채 썬다.

2/

달군 팬에 버터, 양파, 소금 1/2작은술을
넣고 중간 불에서 20~22분간 타지 않고
노릇한 색이 날 때까지 볶은 후
그릇에 덜어둔다.

3/

③의 팬에 올리브유를 두른 후
닭다리살 껍질 부분이 팬의 바닥에
닿게 넣고 중간 불에서 7분,
뒤집어서 5분간 굽는다.
구우면서 앞뒤로 소금 1/4작은술,
후춧가루를 뿌린다.

4/

②의 볶은 양파, 카레 페이스트를 넣고
물을 부어 중약 불에서
6~8분간 저어가며 끓인다.
★ 사용하는 카레 페이스트에 따라
농도, 맛에 차이가 있을 수 있다.
이 경우 물을 더해 농도를 조절하거나,
알룰로스로 단맛을 가감해도 좋다.

5/

생크림을 넣고 중약 불에
5분간 저어가며 끓인다.
콜리플라워 라이스나 현미곤약밥에
곁들여도 좋다.

재료(2인분 / 40분)

- 닭다리살 600g
- 양파 1개
- 버터 3큰술(30g)
- 올리브유 1큰술
- 화이트와인 2큰술
- 소금 1/2작은술 + 1/4작은술
- 후춧가루 1/2작은술
- 물 3/4컵(150㎖)
- 생크림 1컵(또는 코코넛밀크, 200㎖)
- 카레 페이스트 1봉(꽁블커리가루 추천)

맵지 않게 즐기기

사용하는 카레 페이스트가 매운맛이 난다면
생크림이나 코코넛밀크를 더해도 좋다.

**과정 ②의 양파 캐러멜라이징
더 간편하게 만들기**

달군 팬에 양파, 소금만 넣고 중간 불에서
7~8분간 타지 않도록 볶은 후 버터를 넣는다.
단, 이 방법은 코팅 팬에서만 사용 가능.

시래기 닭볶음탕

"닭만큼 푸짐하게 더한 재료가 바로 시래기예요. 밥 없이 즐기는 키토식인만큼 건더기를 듬뿍 넣었지요.
양이 꽤 많기 때문에 콜리플라워 라이스(46쪽)나 현미곤약밥을 곁들이게 되면 남을지 몰라요.
그럴 땐 밀폐용기에 담아 도시락으로 싸가곤 하는데, 식어도 맛있답니다."

1/

큰 냄비에 닭이 잠길 정도의
물을 끓인다. 끓어오르면 닭을 넣고
10분간 데친 후 찬물에 헹군다.
★ 닭은 먼저 데치면 피와 불순물이
없어져 잡내가 나지 않는다.

2/

표고버섯은 기둥을 떼고
한입 크기로 썬다. 새송이버섯,
양파, 당근은 4~5cm 크기로
큼직하게 썬다. 대파는 어슷 썬다.
모든 양념 재료는 섞는다.

3/

큰 냄비에 닭, 양념을 넣고
센 불에서 끓인다.

4/
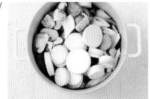
끓어오르면 중간 불로 줄이고
버섯, 양파, 당근을 넣어 섞는다.
뚜껑을 덮고 15분간 끓인다.

5/

삶은 시래기와 대파(1/2분량),
청양고춧가루, 물(1과 1/4컵)을 넣고
섞은 후 뚜껑을 열고
중간 불에서 30분간 푹 끓인다.

6/

불을 끄고 뜨거울 때 버터,
남은 대파를 넣고 섞는다.
★ 채 썬 깻잎이나 통깨를 더해도
좋다.

재료(3~4인분 / 1시간 10분)

- 볶음탕용 닭 1마리(1kg)
- 삶은 시래기 200g
  (마트에서 파는 것, 또는 통조림 제품)
- 표고버섯 6개
- 새송이버섯 2개
- 양파 1개
- 당근 약 1/2개(120g)
- 대파 1대
- 청양고춧가루 1큰술
- 물 1과 1/4컵(250㎖)
- 버터 4큰술(40g)

양념

- 고춧가루 2큰술
- 간장 1큰술
- 어간장 1큰술
- 알룰로스 2큰술
- 키토 고추장 2큰술(35쪽)
- 된장 1/2큰술
- 다진 마늘 1작은술
- 후춧가루 1/8작은술
- 물 3과 3/4컵(750㎖)

말린 시래기로 대체하기
① 말린 시래기 35~40g을 물에 담가
   12시간 정도 불린 후 씻는다.
② 큰 냄비에 시래기, 시래기 3배의 물을 붓는다.
③ 뚜껑을 덮고 센 불에서 끓어오르면
   중약 불로 줄여 30분 정도 푹 삶는다.
④ 삶은 시래기를 찬물에 헹군 후
   4~5cm 길이로 자른다.

인스턴트 팟으로 만들기
① 인스턴트 팟에 닭, 한입 크기로 썬 채소
   (대파 생략), 양념을 넣는다.
   이때, 양념 재료의 물 양은
   2와 3/4컵(550㎖)으로 줄인다.
② 찜 모드에서 20분간 익힌다.
③ 증기를 빼고 버터, 대파를 넣어
   뜨거울 때 섞는다.

중화풍 쇠고기 채소스튜

"백종원 님의 '스트리트 푸드 파이터 하얼빈편'에 소개된 '훙차이탕'이란 메뉴가 궁금해
끓여봤어요. 정식 레시피는 아니고 텔레비전에 나온 재료대로 넣고 끓였는데
맛있더라구요. 굳이 명칭을 바꾸자면 '중화풍 쇠고기 채소스튜' 정도랄까요?
사워크림을 곁들여 먹으면 감칠맛이 정말 뛰어나요."

재료(4인분 / 1시간 30분)

- 쇠고기 국거리용 400g
- 양배추 1/2통(300g)
- 셀러리줄기 2대
- 당근 1개
- 양파 1개
- 비트 약 1/3개
- 토마토 4개
- 통조림 홀토마토 500g
  (무설탕 토마토 100% 제품 추천)
- 시판 양지육수 2컵
  (또는 사골국물, 400㎖)
- 월계수잎 3장
- 이탈리안 시즈닝 1/2큰술
- 소금 1과 1/2작은술
- 후춧가루 1/8작은술
- 올리브유 4큰술
- 사워크림 약 4큰술

Tip 비트 손질 & 보관하기

비트는 손질할 때에 손에 빨간 물이
들 수 있으므로 장갑을 끼는 것이 좋다.
비트를 데쳐 냉동 1개월 보관 가능.
해동 없이 다양한 요리에 활용 가능하다.

1/ 양배추는 한입 크기로,
셀러리줄기는 1cm 길이로 썬다.

2/ 당근, 양파는 사방 2cm 크기로 썬다.
토마토는 4등분한다.

3/ 비트는 껍질을 벗기고 당근과
비슷한 크기로 썬다. 냄비에 비트가
잠길 정도의 물을 넣고 끓어오르면
비트를 넣고 15분간 삶는다.
★ 한번 삶으면 비트 특유의 흙냄새를
없앨 수 있다.

4/ 쇠고기는 사방 4~5cm 크기로
썬다.

5/ 달군 냄비에 올리브유를 두르고
쇠고기를 넣어 센 불에서 고기의
사방이 노릇하게 바싹 익을 때까지
7~8분간 볶은 후 덜어둔다.

6/ 달군 냄비에 셀러리, 당근, 양파,
삶은 비트를 넣고
센 불에서 3~4분간 셀러리, 양파가
투명해질 때까지 볶는다.

7/

양지육수를 붓는다.

8/

⑤의 쇠고기, 홀토마토, 월계수잎,
이탈리안 시즈닝, 소금을 넣는다.
뚜껑을 덮고 중약 불에서 1시간 동안
중간중간 저어가며 끓인다.

9/

양배추, 토마토를 넣고
뚜껑을 연 상태에서 저어가며
센 불에서 10분간 끓인다.

10/

후춧가루를 넣고 불을 끈다.
그릇에 담고 사워크림을 곁들인다.
★ 셀러리잎, 이탈리안 시즈닝,
크러시드페퍼 등을 곁들여도 좋다.

키토 떡갈비

"서양식 미트볼이나 쇠고기 패티 말고, 달달하고 짭쪼름한 한식 떡갈비가 먹고 싶을 때가 종종 있어요.
그럴 땐 고기 반죽을 떡갈비 모양으로 빚어 키토 떡갈비소스를 끼얹어 구워 먹지요. 고기 반죽은 넉넉히 만들어
얼려두면 떡갈비는 물론 버거 패티(122쪽)로도 좋고, 달걀프라이나 치즈를 올려 즐겨도 돼요."

추천 곁들임
케요네즈 양배추 샐러드 175쪽

174

1/

양파, 대파는 잘게 다진다.
다진 쇠고기, 다진 돼지고기는
키친타월로 감싸 핏물을 없앤다.

2/

큰 볼에 다진 쇠고기, 다진 돼지고기,
생강즙, 술을 넣고 치대가며 섞는다.
★ 고기 누린내 제거를 위해
두 가지를 함께 사용하면 좋다.

3/

칡전분을 넣고 섞은 후
다진 양파, 대파, 마늘, 간장,
알룰로스, 참기름, 통깨 간 것을
넣고 골고루 치댄다.
오븐은 250℃로 예열한다.

4/

반죽을 10등분(약 100~150g씩)한 후
동글납작한 모양으로 만든다.
손가락으로 반죽의 가운데를
꾹 눌러준다.
★ 익으면서 가운데가 부풀기 때문에
가운데를 눌러주면 모양이 예쁘게 된다.

5/

오븐 팬에 올려 250℃로 예열한
오븐에서 10분간 굽는다.
볼에 떡갈비소스 재료를 섞는다.

6/

오븐 팬에 떡갈비소스를 붓고
오븐에서 2~3분간 노릇하게 굽는다.

재료(4인분 / 1시간)
- 다진 쇠고기 400g
- 다진 돼지고기 300g
- 양파 3/4개
- 대파(흰 부분) 1대
- 다진 마늘 3큰술
- 생강즙 2작은술
- 술(소주나 청주) 1큰술
- 칡전분 2큰술(26쪽)
- 간장 2와 1/2큰술
- 알룰로스 3큰술
- 참기름 2큰술
- 통깨 간 것 1큰술

떡갈비소스(4개 기준)
- 간장 1큰술
- 참기름 1큰술
- 알룰로스 1큰술
- 녹인 버터 2큰술(20g)

오븐 대신 팬으로 굽기
달군 팬에 올리브유 2큰술을 두르고
과정 ④까지 진행한 떡갈비를 넣는다.
중간 불에서 앞뒤로 각각 3~4분간
뒤집개로 눌러가며 굽는다. 뚜껑을 덮고
중약 불에서 앞뒤로 각각 3~5분간 굽는다.
뚜껑을 열고 떡갈비소스를 넣어
2~3분간 졸이듯이 익힌다.

떡갈비 냉동 보관하기
과정 ⑤번까지 진행한 후 한김 식힌다.
평평한 용기에 겹치지 않게 올린 후
랩을 씌운 다음 냉동실에서 얼린다.
다 얼면 지퍼백에 담아두면 1개월간
냉동 보관 가능. 냉장실에서 해동한 후
과정 ⑥부터 진행한다.

케요네즈 양배추 샐러드 곁들이기
1 : 1.5의 비율로 키토 마요네즈(39쪽)와
키토 토마토케첩(26쪽)을 섞는다.
채 썬 양배추 200g와 버무린다.

스지탕

"콜라겐이 많은 스지는 장누수 치료에도 참 좋은 식재료인데요, 한솥 끓여 놓으면 두고두고 먹을 수 있어서
마음까지 든든해져요. 인스턴트 팟으로 끓이면 제일 쉽고, 빠르게 만들 수 있어요.
냄비에 끓인다면 2시간 이상 푹 끓이도록 하세요."

1/ 넉넉한 양의 물이 끓어오르면
도가니, 알스지만 넣고
10분간 데친 후 체로 건진다.
그 물에 부채살스지를 넣고
5분간 데친 후 체로 건진다.

2/ 압력솥에 부채살스지를 뺀
모든 재료를 넣고 뚜껑을 덮은 후
센 불에서 익힌다. 압력솥의
추가 흔들리면 약한 불로 줄여
40분간 익힌다.
★ 5.5ℓ 큰 압력솥을 이용했다.

3/ 볼에 양념장 재료를 섞은 후
냉장실에 넣어 숙성 시킨다.

4/ 압력솥의 압력을 뺀 후 부채살 스지를
넣고 다시 뚜껑을 덮어 센 불에서
끓인다. 추가 흔들리면 약한 불로 줄여
15분간 익힌 후 압력이 빠질 때까지
기다린다. 스지, 도가니, 국물만 건진 후
양념장을 곁들인다.
★ 채소들은 풍미를 위해
넣은 것이기 때문에 먹지 않는다.

재료(4인분 / 1시간)
- 알스지 500g
- 부채살스지 500g
- 도가니 1kg
- 크게 썬 무 500g
- 양파 2개
- 대파 2대
- 마늘 3개
- 간장 3큰술
- 물 2와 1/2컵(500㎖)

양념장(4~5회분)
- 다진 양파 약 1/3개분
- 다진 파 2큰술
- 다진 마늘 1큰술
- 송송 썬 청양고추 2개분
- 송송 썬 홍고추 1개분(생략 가능)
- 통깨 1큰술
- 간장 4큰술
- 식초 2큰술
- 물 6큰술
- 알룰로스 1/2큰술
- 참기름 1작은술

 Tip

스지와 도가니 이해하기
'스지'는 소의 사태살(다릿살)에 붙어있는
힘줄 부위로 불투명하고 쫀득한 콜라겐
덩어리다. 스지 중 인기가 많은 '알스지'는
무릎 아래 뒤축을 지탱하는 큰 힘줄로,
모양이 두껍고 식감이 찰진 것이 특징이다.
'부채살스지'는 스지에 부채살(앞다리
윗쪽살)이 약간 붙어있어 고소하고 씹는
맛이 좋다. '도가니'는 소의 무릎에
붙어있는 살과 연골(뼈)이다.

인스턴트 팟으로 만들기
① 핏물을 뺀 스시와 도가니,
   모든 재료를 넣고 국 고압모드에서
   50분간 익힌다.
② 스팀을 빼고 그릇에 담는다.
   양념장을 곁들인다.

열빙어 도리뱅뱅

"도리뱅뱅은 피라미나 빙어 등의 작은 민물고기를 튀겨 매콤한 양념을 더한 충청도 음식이에요.
저는 마트에서도 쉽게 살 수 있는 냉동 열빙어로 만드는데요, 생선을 싫어하는 이들도 맛있다고 좋아해요.
바삭하게 튀긴 열빙어와 매콤달콤한 양념의 조합이 너무 맛있는 메뉴랍니다."

1/

모든 양념 재료를 섞는다.
부추는 4~5cm 길이로 썬다.

2/

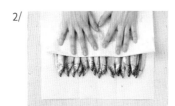

냉동 열빙어는 냉장실에서
반나절 정도 해동한 후 씻어서
키친타월로 감싸 물기를 없앤다.

3/

달군 팬에 코코넛오일을 두르고
열빙어를 겹치지 않게 돌려 담는다.
중간 불에서 5~7분간 튀기듯 굽는다.
★ 굽는 도중 기름이 많이 튀는 편.
구멍난 튀김덮개가 있으면
기름이 튀지 않으면서 바삭하게
튀길 수 있다.

4/

익힌 빙어의 윗면에 ①의 양념을
발라가며 중약 불에서 2~3분간 굽는다.
그릇에 담고 통깨를 뿌린다.
생부추를 곁들여 함께 먹는다.

재료(2인분 / 20분)

- 냉동 열빙어 18~20마리
- 코코넛오일 4큰술
- 부추 1줌(50g, 생략 가능)
- 통깨 1~2큰술

양념

- 고춧가루 2큰술
- 다진 청양고추 1개분(생략 가능)
- 다진 마늘 1큰술
- 키토 고추장 1큰술(35쪽)
- 알룰로스 1큰술
- 생들기름 1큰술
- 올리브유 1큰술

 열빙어 이해하기

시사모라고 불리는 바다에 사는
작은 생선으로 우리나라에서 잡히는
빙어(민물고기)와는 다른 종류.
크기가 작아 뼈까지 통째로 먹을 수 있어
영양적으로 좋다. 냉동된 것은 마트나
온라인몰에서 쉽게 구입할 수 있다.

영상으로 배우기

가자미 파피요트

"파피요트(papillote)는 재료를 유산지로 싸서 오븐에 익힌 후 그 상태로 서빙하는 요리예요.
재료 특유의 풍미와 촉촉함을 놓치지 않고 요리할 수 있어 해산물 요리에 많이 활용하지요.
저는 마트에서 많이 파는 냉동 순살 가자미 또는 대구살로 만들어요. 담백한 맛에 그냥 먹어도 좋고,
타르타르소스(40쪽)나 와사비 마요소스(39쪽)를 곁들여 듬뿍 찍어 먹어도 별미랍니다."

추천 소스
타르타르소스(40쪽)

추천 소스
와사비 마요소스(38쪽)

1/

냉동 순살 가자미는 냉장실에서
자연 해동하거나, 비닐포장 그대로
찬물에 담가 해동시킨다.
해동시킨 가자미살을 찬물에 씻은 후
키친타월로 감싸 물기를 없앤다.

2/

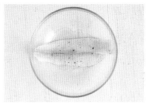

가자미 앞뒤로 올리브유 1큰술을
바르고 소금, 후춧가루를 뿌려
10분 정도 밑간한다.

3/

애호박, 당근은 2cm 두께의
반달 모양으로 썬다. 셀러리줄기는
2cm 길이로, 레몬은 0.5cm
두께로 슬라이스썬다.
종이포일은 세로 30cm, 가로
60cm 크기로 2장을 준비한다.

4/

종이포일 1장을 깔고 ③의 채소,
방울양배추를 올린 후 올리브유 1큰술,
소금, 후춧가루를 뿌려 버무린다.
오븐(또는 에어프라이어)은
180℃로 예열한다.

재료(2인분 / 40분)

- 냉동 순살 가자미 330g
- 애호박 1/2개
- 당근 1/2개
- 셀러리줄기 1대
- 방울양배추 8개
- 레몬 1개(또는 레몬즙 1큰술)
- 올리브유 1큰술 + 1큰술
- 버터 2큰술(20g)
- 소금 약간
- 후춧가루 약간

Tip 오븐 대신 팬으로 익히기

달군 팬에 식용유(1큰술)를 두르고
⑥의 과정까지 한 파피요트를 넣은 후
뚜껑을 덮고 중약 불에서 10~12분간
익힌다. 뚜껑을 열고 뒤집어 다시
뚜껑을 덮은 후 8~10분간 더 굽는다.

5/

채소 위에 가자미, 레몬, 버터를
올린 후 다른 종이포일 1장으로
덮는다.

6/

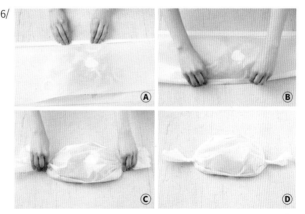

Ⓐ, Ⓑ 위아래의 긴 쪽을 세 번씩 돌돌 말아 접는다.
Ⓒ, Ⓓ 양옆을 사탕 모양이 되도록 종이포일을 돌돌 말아 밀폐한다.

그대로 오븐(또는 에어프라이어)에 넣고 180℃에서 15분간 굽는다.
봉지째 뒤집어서 180℃에서 15분간 더 굽는다.
그릇에 담고 소스를 곁들인다.

바지락술찜

"바지락은 1년 내내 구입할 수 있고, 조개류 중에서도 가격도 착해서 자주 구매해요. 물론 맛도 좋고요.
조개를 가장 간단하고 맛있게 즐기는 저만의 방법, 바지락술찜입니다. 드라이한 와인 안주로도 잘 어울리고,
홈파티 메뉴로도 좋아요. 바지락 대신 모시조개나 동죽 등을 활용해도 돼요."

1/

해감 바지락은 찬물에 씻는다.
토마토는 굵게 썰고, 마늘은 편썬다.

2/

달군 팬에 올리브유를 두르고
마늘을 넣어 중약 불에서
3분간 볶아 마늘기름을 낸다.

3/

마늘향이 올라오면 바지락,
크러시드페퍼를 넣고 섞는다.

4/

화이트와인을 붓고 뚜껑을 덮어
센 불에서 3분간 바지락이 입을
다 벌리고 끓어오를 때까지 끓인다.
뚜껑을 열고 2분간 와인향이
날아가도록 끓인다.

5/

토마토, 버터를 넣고 토마토가
익을 때까지만 중약 불에서
1~2분간 끓인다.

재료(2인분 / 15분)

- 해감 바지락 1봉
  (500~600g, 물 제외 무게)
- 토마토 2개
- 마늘 3개
- 크러시드페퍼 1/2작은술
  (또는 페페론치노 3~4개)
- 화이트와인 1/2컵
  (또는 술, 100㎖)
- 올리브유 2큰술
- 버터 3큰술(30g)

Tip 바지락 해감하기

큰 볼에 물(2~3컵)과 소금(2큰술)을
잘 섞은 후 바지락을 넣고 검은 비닐봉지를
씌워 상온에서 1~2시간, 냉장실에서
6시간 정도 해감 시킨다.

남은 국물 활용하기

국물이 남았다면 클램차우더(184쪽)의
밑국물로 활용해도 좋다.

클램차우더

"바지락술찜(182쪽)을 먹었다면 남은 국물을 활용해 다음 날 꼭 만드는 메뉴예요. 생크림과 치즈가 들어가
조금만 먹어도 든든하지요. 개인적으로 건더기가 풍부한 수프를 좋아해 재료를 많이 넣고 끓여요.
일반식에서 수프의 걸쭉한 농도는 버터에 밀가루를 볶거나 감자를 넣어 맞추지만, 키토식에서는 치즈를 넣어 맞춰요.

1/

양파는 얇게 채 썬다. 양송이버섯,
셀러리줄기는 0.5cm 두께로 썬다.
브로콜리는 한입 크기로 썬다.

2/

베이컨은 1.5cm 두께로 썬다.
바지락살은 체에 밭쳐 흐르는 물에
씻은 후 그대로 물기를 뺀다.

3/

달군 팬에 버터, 양파, 소금을 넣고
중간 불에서 7~9분간 타지 않고
노릇한 색이 날 때까지 볶는다.

4/

베이컨을 넣고 중약 불에서
3~5분간 기름이 녹아나올 때까지
볶은 후 바지락살을 넣고 섞는다.

5/

셀러리줄기, 브로콜리를 넣고
중약 불에서 2~4분간
투명해질 때까지 볶는다.
양송이버섯을 넣고 3~5분간
투명해질 때까지 볶는다.

6/

물, 생크림을 넣고 약한 불로 줄인 후
살짝 끓어오르면 치즈를 넣고
바로 젓는다. 소금, 후춧가루로
부족한 간을 더한다.
★ 생크림을 센 불에서 끓이면
분리되므로 약한 불에서 끓인다.
★ 치즈를 넣고 바로 젓지 않으면
팬 바닥에 치즈가 눌어붙을 수 있으므로
주의한다.
★ 바지락, 베이컨, 치즈가 모두
염도가 높은 재료들이니 맛을 보고
마지막에 간을 맞춘다.

재료(4인분 / 30분)

- 바지락살 80g
- 양송이버섯 3개
- 양파 1/2개
- 셀러리줄기 굵은 것 1대(150g)
- 브로콜리 100~120g
- 베이컨 긴 것 3장
- 물 2컵~2와 1/2컵(400~500㎖,
  또는 바지락국물 183쪽)
- 생크림 1컵(200㎖)
- 버터 2큰술(20g)
- 슈레드 체다치즈 80g
- 소금 약간
- 후춧가루 약간

Tip 더 걸쭉하게 즐기는 방법

걸쭉한 농도로 즐기고 싶다면 마지막에
치즈가루나 콜라겐가루를 섞어도 좋다.
콜라겐은 피부뿐 아니라 장 치료에도
필요한 재료. 장누수로 인해 구멍난 부분의
결합조직을 형성하는데 도움을 주기도
한다. 단, 너무 많이 넣으면 덩어리지거나
단백질 양이 과하게 많아지므로 1~2큰술
정도만 더하는 것이 좋다. 저분자 가수분해
피쉬콜라겐을 추천(키토로지 콜라겐
단백질 파우더).

아스파라거스 수란 샐러드

"아삭한 아스파라거스를 수란 노른자에 찍어 먹으면 풍부한 감칠맛을 느낄 수 있어요.
브런치로 방탄커피(198쪽)와 함께 먹으면 딱 좋지요. 견과류 키토빵(53쪽)을 곁들여도
잘 어울려요. 만들기 쉬우니 가벼운 평일 저녁식사나 와인 안주로도 활용하세요."

1/

아스파라거스는 딱딱한
밑동 1cm 정도를 썰어 없앤다.
필러로 겉의 질긴 껍질만
얇게 벗긴다. ★ 작은 크기의
아스파라거스는 이 과정을
생략해도 좋다.

2/

작은 볼을 여러 개 준비해
달걀을 1개씩 깨서 담아둔다.

3/
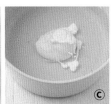
작은 냄비에 물(2~3컵)을 끓인다. Ⓐ 끓어오르면 식초를 넣고 젓가락으로 빠르게 저어
회오리를 만든 후 Ⓑ 미리 깨둔 달걀 1개를 회오리의 가운데로 살며시 넣는다.
Ⓒ 그대로 1분간 익힌다.

4/

체로 살살 건져 찬물에 담가
겉을 굳힌다. 과정 ③~④를 반복해
수란을 더 만든다.

5/

달군 팬에 올리브유 1큰술을 두르고
아스파라거스를 넣고 중간 불에서
굴려가며 얇은 줄기는 2~3분간,
굵은 줄기는 3~5분간 노릇하게 굽는다.
굽는 중간에 소금, 통후추 간 것을 뿌린다.

6/

접시에 아스파라거스, 수란을
올린 후 올리브유 1큰술을 두른다.
파르미지아노 레지아노치즈를
듬뿍 갈아 올린 후 통후추 간 것을
뿌린다.

재료(2인분 / 20분)
- 아스파라거스 10~12줄기
- 달걀 2~3개
- 식초 1큰술(수란용)
- 파르미지아노 레지아노 치즈 간 것 3~4큰술
- 소금 1/2작은술
- 통후추 간 것 약간
- 올리브유 2큰술

아침식사로도, 출출할 때도 탄수화물 걱정 없이
키토 간식 & 음료

달달한 맛은 그립지 않다! 키토인을 위한 진짜 쉽고 맛있는 간식과
음료 레시피를 소개해요. 키토 아침식으로 좋은 메뉴들이 있지요.
또 저자가 추천하는 키토인을 위한 시판 음료와 간식 제품들도 담았습니다.
키토 먹거리 쇼핑에 유용할 거예요.

5초 생크림 요거트

"요거트가 먹고 싶은데 집에 요거트는 없고
생크림만 있을 때 해먹는 메뉴예요.
유산균은 들어있지 않지만 새콤상큼한
요거트 맛이라서 코코넛칩(207쪽)이나
시판 키토 시리얼(207쪽)을 뿌려 먹곤 하지요.
생크림으로 만들어서 지방량도 넉넉히 챙길 수 있어요."

재료(1인분 / 1분)
동물성 생크림 1컵(유지방량 35% 이상 제품, 또는 휘핑크림,
200㎖), 레몬즙 1과 1/2큰술

만들기
생크림에 레몬즙을 넣어 요거트와 같은 농도가 될 때까지
핸드블렌더나 거품기로 섞는다.

구운 피칸

"생피칸을 사서 직접 구우면 더 저렴하고 고소해요.
산패된 냄새도 없이 즐길 수 있지요.
저는 다른 직구용품을 살 때 'Raw 피칸'을 한 봉지씩
꼭 구매해 이렇게 만들어두고 먹어요."

재료(약 10회분 / 20분 / 30일간 냉장 가능, 그 이상 보관 시 냉동)
굽지 않은 생피칸 1봉지(340g), 소금 1/4작은술

만들기

1/ 오븐은 180℃로 예열한다.

2/ 오븐 팬에 종이포일을 깔고 생피칸을 넓게 펼친 후 소금을 뿌린다.

3/ 180℃로 예열한 오븐에서 5분간 굽는다.
   팬을 꺼내 골고루 섞은 후 2분간 더 굽는다.

Tip 팬으로 굽기

달구지 않은 팬에 피칸, 소금을 넣고 약한 불에서 7~10분간 볶는다.

까망베르구이

"간단하면서도 고급진 맛의 간식이에요. 키토 식단에서는
달지 않고 드라이한 레드 와인 한 잔 정도는 종종 허용하는데
그때 같이 먹기에도 딱 좋지요."

재료(1인분 / 25분)
까망베르치즈(또는 브리치즈) 1개, 마늘 1쪽,
알룰로스 2큰술(또는 메이플향 시럽, 기호에 따라 가감)

만들기
1/ 까망베르치즈의 한쪽에 1cm 간격의 바둑판 무늬 칼집을 낸다.
　★오븐은 200℃로 예열한다.

2/ 마늘은 굵게 다진 후 까망베르치즈의 칼집 사이에 넣는다.

3/ 200℃로 예열한 오븐(또는 에어프라이어)에서 10~15분간 굽는다.

4/ 구운 치즈를 꺼내 알룰로스를 뿌린다. ★허브, 견과류를 곁들여도 좋다.

Tip 전자레인지로 만들기

과정 ②까지 진행한 후 내열용기에 담아 전자레인지에서 30초간 돌린다.
치즈를 더 녹이고 싶다면 10초씩 더 돌리며 상태를 확인한다.

①

②

치즈스틱

"글루텐 프리! 키토인을 위한 No 밀가루 & 빵가루 튀김이에요.
튀김옷을 두 번 꼼꼼히 입혀 1시간 정도 냉동했다가 튀기는데,
냉동하는 것이 중요한 과정이니 그대로 따라 하세요!"

재료(2인분/ 1시간 30분)
스트링치즈 8개, 달걀 1개, 올리브유 4큰술
튀김가루
치차론 40g(시판 튀긴 돼지껍질, 27쪽), 이탈리안 시즈닝 1작은술,
마늘가루 1/2작은술, 소금 1/8작은술,
치즈가루 1/2큰술(파르미지아노 레지아노나 그라나파다노 치즈 간 것)

만들기

1/ 치차론을 푸드프로세서로 빵가루 크기가 되도록 간다.

2/ 모든 튀김가루 재료를 섞는다. 다른 볼에 달걀을 풀어둔다.

3/ 스트링치즈에 달걀물 → 튀김가루 순으로 입힌다.
   한 번 더 달걀물 → 튀김가루 순으로 입힌다.

4/ 넓은 팬에 펼쳐 담고 냉동실에서 1~2시간 정도 얼린다.
   ★ 이 과정을 생략하면 굽는 도중 인절미처럼 흘러내리므로 꼭 얼린 후 튀겨야 한다.

5/ 달군 팬에 올리브유를 두르고 ④를 얼린 상태로 넣은 후 센 불에서 1~2분간
   굴려가며 튀긴다. 이때, 기름에 푹 담가 튀기는 방식이 아니기 때문에
   빠르게 색이 변하면 바로바로 뒤집어가며 굽듯이 튀겨야 한다.

6/ 식힘망에 올려 식힌다.

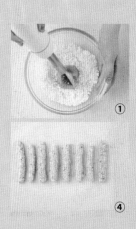

①

④

영상으로 배우기

고르곤졸라 코코넛랩

"고르곤졸라 피자의 초간단 키토식 버전이에요. 피자도우나 또띠야 대신
코코넛랩을 활용하세요. 돌돌 말아 먹으면 바삭함과 고소함이 함께 느껴져요.
드라이한 와인과 함께 먹어도 맛있는 메뉴예요."

재료(1인분 / 20분)

코코넛랩 1장, 고르곤졸라치즈 1큰술, 피자치즈 1/3컵(약 30g),
알룰로스 1/2작은술, 아몬드 슬라이스 1큰술

만들기

1/ 코코넛랩에 고르곤졸라치즈를 듬성듬성 올린 후 피자치즈를 올린다.
아몬드 슬라이스를 골고루 뿌린다. ★ 오븐은 170℃로 예열한다.

2/ 170℃로 예열한 오븐(또는 토스터기)에서 5분간 굽는다.

3/ 따뜻할 때 알룰로스를 뿌려 돌돌 말아 먹는다.
★ 따뜻할 때 말아야 잘 말린다.

Tip

팬으로 굽기
달군 팬에 넣은 후 뚜껑을 덮고 약한 불에서 치즈가 녹을 정도로 2~3분간 익힌다.

코코넛랩 이해하기
100% 코코넛으로 만든 코코넛 랩. 저탄수화물, 글루텐프리 제품.
또띠야처럼 다양한 요리에 활용 가능하다.

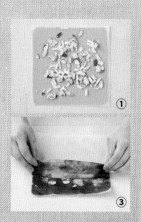

①

③

버터 단호박

"키토식에서도 건강한 탄수화물은 어느 정도 필요해요. 단호박에는
탄수화물도 있지만 식이섬유 역시 많아요. 게다가 달지 않아 키토식에서도
허용하는 편이지요. 단백질 단식일(30쪽)에 먹어주면 좋습니다."

재료(8개 / 20분 / 냉동 보관 가능)
단호박 1통(약 780g), 가염버터 20g

만들기

1/ 단호박은 씻어서 꼭지 부분을 뚜껑처럼 잘라내고 전자레인지에서 3분간 익힌다.

2/ 필러로 껍질을 벗긴 후 8등분한다. 한 조각당 약 65~70g 정도 된다.

3/ 뚜껑이 있는 내열용기에 단호박 4조각, 물 1큰술을 넣은 후 뚜껑을 덮고
   전자레인지에서 4분간 살짝 익힌다. 같은 방법으로 남은 4조각도 익힌다.
   ★ 8조각이 모두 들어가는 큰 내열용기라면 조리시간을 늘려 한 번에 익혀도 좋다.

4/ 바로 먹을 조각만 전자레인지에서 1분 더 익힌다.
   ★ 남은 단호박은 용기에 넣어 냉동 보관한다. 먹을 때는 냉장실에서 자연 해동하거나
   전자레인지 해동 모드로 해동시킨 후 다시 전자레인지로 1~2분간 데워 먹는다.

5/ 따뜻한 단호박에 가염버터를 얹어 먹는다. ★ 무염버터일 경우 소금 약간을 더한다.

①
②
③

코코넛 팻밤

"팻밤(fat bomb)은 지방이 풍부한 핑거푸드 간식이에요. 입이 심심할 때
군것질거리나 디저트로 먹어요. 달콤하고 고소한 코코넛과육과
쌉싸름한 초코가 만나 입안에서 녹을 때 정말 환상적이지요. 한 번에 많이 만들어
냉동실에 보관했다가 하나 둘 꺼내 먹으면 맛있게 즐길 수 있어요."

재료(40개 분량 / 2시간)

슈레드 코코넛 4컵, 코코넛밀크 1컵(200㎖), 코코넛오일 1컵(200㎖),
알룰로스 3~4큰술, 99% 다크초콜릿 260g(또는 100% 카카오매스)

만들기

1/ 살짝 달군 팬에 슈레드 코코넛을 넣고 중간 불에서 2분간 볶은 후
   약한 불로 줄여 3~4분간 연한 갈색이 날 때까지 볶는다. 냉동실에서 30분간 식힌다.

2/ 볼에 ①의 볶은 코코넛, 코코넛밀크, 코코넛오일, 알룰로스를 넣고 섞는다.
   ★ MCT 오일을 섞어도 된다. 단, MCT 오일을 넣을 때는
   그만큼 코코넛오일의 양을 줄인다.

3/ 숟가락으로 1큰술씩 떠서 동그란 모양으로 만든 후 냉동실에서 30분 이상 얼린다.

4/ 내열용기에 99% 다크초콜릿을 넣고 전자레인지에서 30초간 돌린 후 꺼내
   골고루 섞고 다시 넣어 30초간 돌린다. 이 과정을 5~6회 반복해 완전히 녹인다.

5/ ④의 그릇을 뜨거운 물이 담긴 좀 더 큰 그릇에 사진처럼 넣어 중탕으로 굳지 않게 한다.

6/ ③을 꺼내 ⑤의 녹인 초콜릿으로 코팅한 후 평평한 그릇에 겹치지 않게 펼쳐 담는다.
   다시 냉동실에서 1시간 이상 얼린 다음 지퍼백에 넣어 냉동 보관한다.
   ★ 이쑤시개에 꽂은 후 초콜릿에 코팅하면 더 수월하다.

영상으로 배우기

아보카도 달걀구이

"반숙 달걀에 비벼 먹는 아보카도는 가볍지만 든든해서 간식은 물론
아침식사로도 좋아요. 이 책에 소개한 평일이나 주말 메인요리에
곁들여도 잘 어울린답니다."

재료(2인분 / 30분)
아보카도 1개, 달걀 2개, 소금 2/3작은술, 후춧가루 약간

만들기
1/ 잘 익은 아보카도는 반을 갈라 씨가 있던 가운데를 조금 더 크게 파낸다.
  오븐(또는 에어프라이어, 토스터기)은 200℃로 예열한다.
  ★ 아보카도 손질하기 69쪽

2/ 아보카도 씨가 있던 자리에 달걀을 깨서 넣는다.
  ★ 달걀을 그대로 넣기보다 숟가락으로 떠 넣으면 쉽다. 흰자의 양이 많다면 덜어내도 좋다.

3/ 소금, 후춧가루를 뿌린다. ★ 크러쉬드페퍼를 뿌려도 좋다.

4/ 200℃로 예열한 오븐(또는 에어프라이어, 토스터기)에서 7~10분간
  노른자가 반숙이 될 정도만 굽는다. 달걀과 아보카도를 함께 섞어 먹는다.
  ★ 아보카도와 달걀의 크기에 따라 익히는 시간을 가감한다.

베이컨 달걀빵

"출출할 때 간식으로 먹어도 맛있고, 아침식사로도 정말 잘 어울려요.
베이컨 달걀빵에 방탄커피까지 마시면 정말 든든하지요."

재료(6인분 / 25분 / 7일간 냉장 보관 가능)

베이컨 6줄, 달걀 5개, 생크림 70g, 소금 1/8작은술, 후춧가루 1/4작은술,
파르미지아노 레지아노치즈 간 것 약 3큰술(30g), 슈레드 체다치즈 약 6큰술(42g),
다진 파슬리 약간, 녹인 버터(또는 올리브유) 약간

만들기

1/ 오븐은 220℃로 예열한다. 6구 머핀 틀 안쪽에 녹인 버터를 얇게 바른다.

2/ 파르미지아노 레지아노치즈 간 것을 머핀 틀의 바닥에 나눠 깐다.

3/ 베이컨을 머핀 틀의 안쪽에 닿도록 벽처럼 두른다.
오븐은 200℃로 예열한다.

4/ 볼에 달걀, 생크림, 소금, 후춧가루를 넣고 섞는다.

5/ 머핀 틀에 ④를 60~70% 정도 되게 채운다.

6/ 220℃로 예열한 오븐에서 13분간 굽고 슈레드 체다치즈, 다진 파슬리을 나눠 올린다.
다시 2~3분간 노릇하게 굽는다.

②

③

⑤

기름 떡볶이

"단백질 단식일(30쪽)에 가끔 해먹는 메뉴예요. 일반식 할 때
최애 메뉴가 떡볶이였는데, 그 갈망을 해소해주는 고마운 간식이지요."

재료(2인분 / 10분)
현미 곤약가래떡 3줄(약 200g), 올리브유 2큰술
양념 고춧가루 1큰술, 간장 1/2큰술, 알룰로스 1큰술, 참기름 1큰술,
다진 마늘 1작은술, 다진 청양고추 1작은술

만들기
1/ 현미 곤약가래떡은 한입 크기로 썬다. 볼에 양념 재료를 섞는다.
2/ 달군 팬에 올리브유를 두른 후 현미 곤약가래떡을 넣고 센 불에서 2분간 튀기듯이 굽는다.
3/ 양념을 넣고 약한 불로 줄여 2~3분간 양념이 골고루 배도록 빠르게 볶는다.

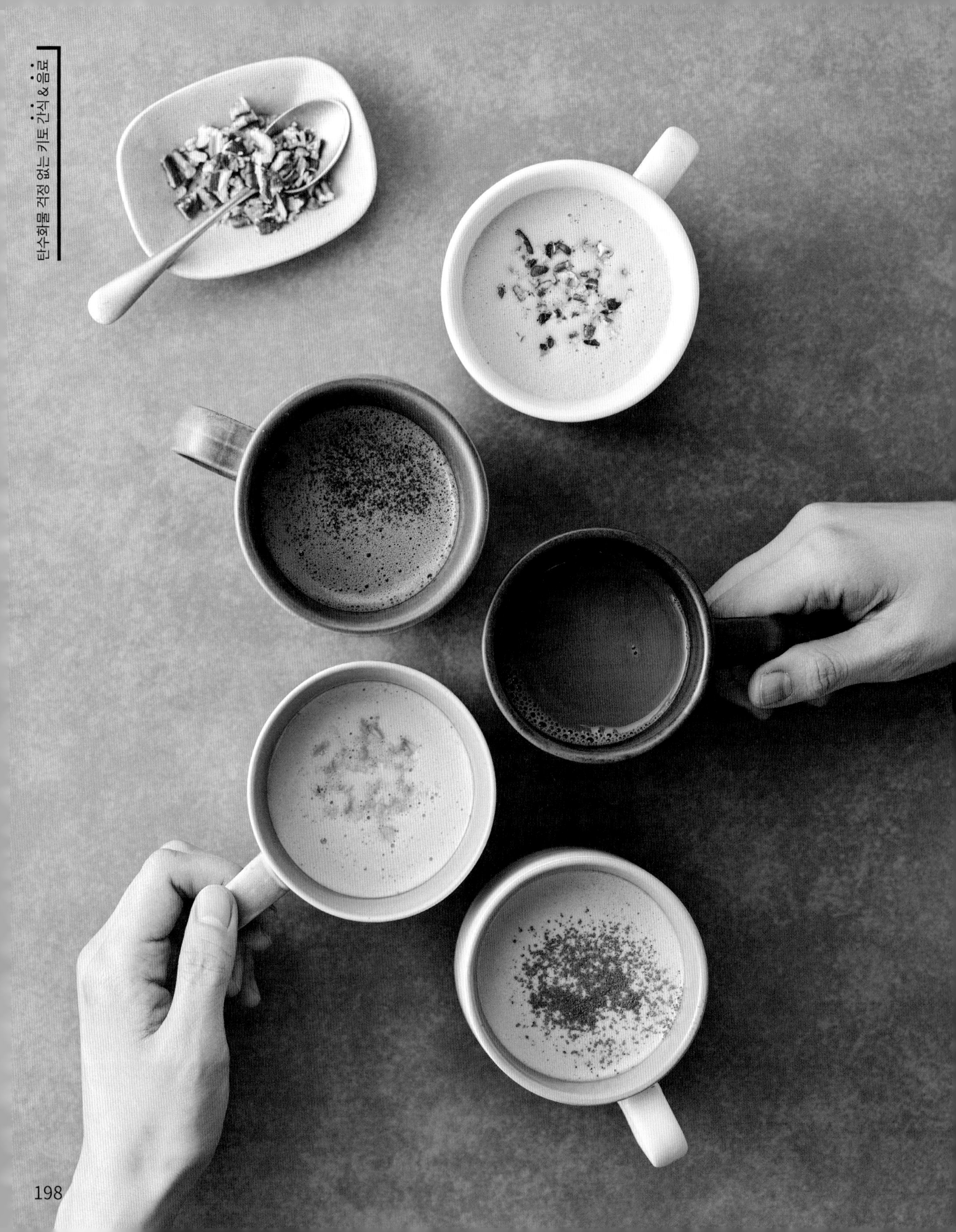

방탄커피

"저탄고지의 기본이 되는 방탄커피. 저는 간편하게
가루로 되어 있는 에스프레소 제품으로 만들어요.
드립커피로 만들 경우 산미가 없고 묵직하고 고소한
브라질이나 과테말라 원두를 추천해요.
MCT오일과 소금은 선택사항이니 넣지 않아도 돼요."

재료(1인분 / 5분)

에스프레소 가루커피 1봉(2g, G7 제품), 버터 2큰술(20g),
MCT오일 2작은술(10㎖, 또는 파우더 10g),
소금 1/4작은술, 뜨거운 물 1컵(200㎖)

토핑 시나몬가루, 무가당 코코아가루, 다진 견과류 등

만들기

1/ 내열컵에 버터, MCT오일, 가루커피, 소금을 넣고
   뜨거운 물을 붓는다.

2/ 핸드블렌더(또는 믹서)의 가장 센 단계로
   거품이 날 정도로 2분 정도 충분히 간다.
   컵에 담고 원하는 토핑을 더한다.
   ★ 에너지를 끌어올리기 위해서는 소화과정이
   더딘 지방을 빠르게 흡수할 수 있도록
   강하게 갈아 지방 분자를 작게 쪼개주는 것이 중요하다.

방탄코코아

"날씨가 추워지면 핫초코가 먹고 싶잖아요? 무가당
코코아가루나 초콜릿을 활용해 키토식으로 준비하세요.
카카오 특유의 쌉쌀한 맛이 싫다면 알룰로스를 2작은술
정도 섞으세요. 달지 않고 부드러운 핫초코가 돼요."

재료(1인분 / 5분)

100% 무가당 코코아가루 1큰술(또는 린트, 비바니 등
99% 다크 초콜릿), 버터 1큰술(10g),
카카오버터 1~2큰술(10~20g, 23쪽),
MCT오일 1큰술(생략 가능), 소금 1/4작은술,
뜨거운 물 1컵(200㎖), 시나몬가루 약간

만들기

1/ 버터, 카카오버터를 내열컵에 넣고 전자레인지에서
   1분간 녹인다. ★카카오버터 대신 동량의 버터를 더해도 좋다.

2/ 시나몬가루를 제외한 나머지 재료들을 모두 넣고
   핸드블렌더로 2분간 간다.

3/ 컵에 담고 시나몬가루를 톡톡 뿌린다.

사골치노

"방탄커피로 아침식사를 대신하는 분들 많으시죠?
저는 커피를 줄이고자 할 때 따끈한 아침식사 대용
음료로 사골치노를 종종 마시기도 한답니다."

재료(1인분 / 5분)

시판 무염 사골국물 1컵(200㎖, 사골분말이나 농축액 모두 가능),
버터 1~2큰술(또는 MCT오일, 10~20g), 카이엔페퍼 약간(26쪽)

만들기

1/ 내열컵에 시판 사골국물, 버터를 넣고 전자레인지에서
3분간 돌린다.
★ 버터를 MCT오일로 대체할 경우,
사골국물만 전자레인지에 데운 다음 MCT 오일을 섞는다.

2/ 거품기나 믹서로 2분 이상 섞은 후
컵에 담고 카이엔페퍼를 뿌린다.

무설탕 생강차

"겨울철 건강음료인 생강차. 일반식을 할 때는 설탕에
재운 생강청을 사용했지만, 그건 설탕이 많이 들어가
금물이에요. 키토식에서는 무설탕 100% 생강으로 만든
생강진액으로 생강차를 만들 수 있어요."

재료(1인분 / 5분)

무설탕 생강진액 1/2컵(100㎖, 25쪽),
물 1/2컵(100㎖), 알룰로스 1~2작은술

만들기

1/ 컵에 생강진액, 물을 담고 전자레인지에서 2분간 데운다.

2/ 알룰로스를 조금씩 더하며 섞은 후 맛을 보며 당도를 조절한다.
보통 1~2작은술 정도 넣으면 적당하다.

불로장생주스

"서양 속담에 토마토가 익을수록 의사 얼굴이
파래진다는 말이 있어요. 잘 익은 토마토가 그만큼
몸에 좋기 때문이에요. 특히 올리브유와 함께 먹으면
지용성 비타민과 항산화 성분인 라이코펜을 최대로
흡수할 수 있어요. 그래서 이 주스를 노화방지에 좋아
불로장생주스라고도 부르지요."

재료(2인분 / 10분)

완숙토마토 2개, 올리브유 2큰술, MCT오일 2큰술,
소금 1/2작은술, 알룰로스 1/2큰술(생략 가능)

만들기

1/ 토마토는 꼭지 반대편에 열십(+) 자로 칼집을 낸 후
   끓는 물에 넣고 30초간 데친다. 건져서 찬물에 담가
   칼집낸 부위에 살짝 일어난 껍질을 잡아 벗긴다.

2/ 푸드프로세서에 토마토, 올리브유, MCT오일, 소금을 넣고
   곱게 간다. 기호에 따라 알룰로스를 더해도 좋다.
   ★ 진공 블렌더로 갈아 스파우트 파우치에 넣어두면
   일주일 정도 층 분리 없이 신선하게 보관할 수 있다.
   일반 믹서로는 소량씩 만들어 바로 마시면 좋고,
   진공 블렌더가 있다면 넉넉히 만들어두면 편하다.

무설탕 오미자에이드

"느끼한 맛을 싹 잡아주는 시원한 에이드예요.
무설탕 오미자즙을 이용해 설탕 없이도 새콤달콤한
에이드를 만들 수 있답니다."

재료(1인분 / 3분)

얼음 6개, 무설탕 오미자액 1/2컵(100㎖, 25쪽),
알룰로스 1/8작은술, 탄산수 190㎖(작은 캔 1개)

만들기

1/ 컵에 얼음을 넣고 오미자액, 알룰로스를 넣는다.

2/ 탄산수를 살살 붓는다. ★ 탄산수를 세게 부으면
   확 넘칠 수 있으므로 살살 붓는 것이 중요하다.

아이스 아인슈페너

카페오레 쉐이크

아이스 아인슈페너

"입맛 없는 여름이나 요리하기 귀찮을 때
가끔 해 먹는 메뉴예요. 동물성 생크림에는 유지방이
35% 이상 들어있어 따로 지방을 추가하지 않아도
훌륭한 에너지원이 된답니다. 휘핑크림은 미리 만들어
냉장실에 두고 3일 정도 먹을 수 있어요.
하지만 맛있다고 매끼 이걸로 때우면 안돼요."

재료(1인분 / 20분)

에스프레소 1~2샷(또는 진하게 내린 드립커피 1/2컵, 100㎖),
동물성 생크림 1/2컵(100㎖, 무방부제 유화제 무첨가 제품, 21쪽),
바닐라 익스트렉트 1~2방울(생략 가능), 알룰로스 1/2큰술,
시나몬가루(또는 무가당 코코아가루) 약간

만들기

1/ 긴 컵에 생크림을 붓고 바닐라 익스트렉트, 알룰로스를 넣는다.

2/ 핸드블렌더 거품기의 가장 센 모드로 5분 동안
　　흘러내릴 정도로만 휘핑한다.

3/ 커피를 준비한다.
　　• 에스프레소로 만들 경우 : 에스프레소에 얼음, 물을 부어
　　　1/2컵(100㎖)을 만들어 준비한다.
　　• 드립커피로 만들 경우 : 차게 해서 준비한다.
　　• 인스턴트 커피가루로 만들 경우 : 뜨거운 물 3큰술
　　　+ 인스턴트 커피가루 1큰술을 섞는다.

4/ 커피 위에 ②의 크림을 얹고 시나몬가루를 뿌린다.
　　★ 뜨거운 커피 위에 차가운 휘핑을 올려먹어도 별미다.

카페오레 쉐이크

"방탄커피를 차갑게 먹고 싶어서 여러 번 시도해봤지만
얼음에 버터가 엉겨 붙으면서 매번 실패하더라구요.
그래서 찾은 레시피! 시판 방판커피로 만들면
쉐이크와 같은 질감이 나요."

재료(1인분 / 5분)

시판 방탄커피 1/2컵(100㎖, 206쪽),
무설탕 바닐라 아이스크림 3스쿱(200g, 206쪽),
얼음 1컵, 시나몬가루 약간

만들기

1/ 시나몬가루를 제외한 모든 재료를 믹서에 넣고 간다.

2/ 컵에 담고 마지막에 시나몬가루를 뿌린다.

 영상으로 배우기

진저 하이볼

"키토식에서는 기본적으로 술을 권하지 않아요.
하지만 설탕이 없는 증류주나 드라이한 레드와인,
위스키 한 잔 정도는 가끔 허용하는 편입니다.
일반식 시절에 좋아했던 하이볼을
키토인들이 즐길 수 있게 변형해봤어요."

재료(1인분 / 3분)

얼음 1컵, 위스키 1/4컵(50mℓ), 레몬즙 1큰술,
알룰로스 2작은술, 무설탕 생강진액 2큰술(25쪽),
탄산수 190mℓ(작은 캔 1개)

만들기

1/ 유리잔 큰 것(500mℓ)에 탄산수를 제외한 재료를 넣는다.

2/ 컵을 기울여 탄산수를 벽을 따라 붓는다.
    거품이 많이 생기지 않도록 하기 위함이다.

3/ 젓가락이나 머들러로 골고루 섞는다.

무알콜 흑맥주

"맥주의 별명이 '보리빵'이라는 것 아시죠? 키토식에서
맥주는 탄수화물이 많아 마시면 안되는 음료예요.
그래도 한여름 시원한 맥주가 당긴다면 인스턴트
커피가루와 탄산수로 맥주 느낌을 낼 수 있어요."

재료(1인분 / 2분)

인스턴트 커피가루 2.5g, 생수 1큰술,
차가운 탄산수 1과 1/4컵(250mℓ)

만들기

1/ 인스턴트 커피가루를 물에 녹인다.

2/ 차가운 탄산수를 붓는다.

아보카도 스무디

"한 끼 대용으로도 부족함 없는 든든한 스무디.
운동 전에 먹는다면 MCT오일을 넣기도 해요. 약간 되직한
요거트 같은 질감이라 숟가락으로 떠 먹어야 하는데,
후루룩 마시고 싶다면 아보카도 양을 조금 줄이세요."

재료(1인분 / 5분)

아보카도 1/2개, 피칸 7개(또는 피스타치오), 알룰로스 1/2큰술, 소금 약간,
MCT오일 1~2작은술(생략 가능), 우유 190㎖(유당을 제거한 제품, 21쪽)

만들기

1/ 아보카도는 껍질과 씨를 제거하고 과육만 큼직하게 썬다.
    ★ 아보카도 손질하기 69쪽
    ★ 냉동 아보카도 이용시 90g을 더한다.
2/ 푸드프로세서에 모든 재료를 넣고 충분히 간다.

영상으로 배우기

시판 키토 음료 & 간식

가장 재구매를 많이 했던 제품들을 추천합니다. 대부분 오랫동안 키토식을
해온 분들이 직접 만든 제품이라 재료나 성분면에서 믿을 수 있어요.

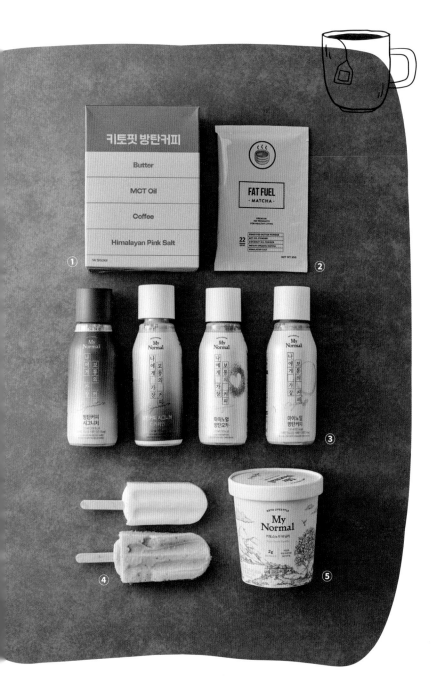

1/ 키토핏 방탄커피

깨끗하고 순수한 재료로만 만들어진
방탄커피 믹스. 휴대가 편해서
사무실에서 아침식사 대신 애용하고 있다.
그냥 섞어도 잘 녹지만 휴대하기 좋은
미니 거품기를 사용하면 더 잘 풀어진다.
디카페인 버전도 있으니 참고하자.

2/ 팻퓨얼 방탄맛차

가루형 방탄 음료 중 녹차맛을 잘 구현한
제품. 양도 많아 추운 겨울 머그컵 한가득
타 먹으면 기분도 좋아지고 든든하다.

**3/ 마이노멀 방탄커피 시그니처,
시그니처 디카페인**

기버터를 사용해 스카치캔디향이 나는
시그니처 커피. 디카페인 버전도 있어 좋다.

마이노멀 디카페인 방탄모카

커피가 질릴 때 먹는 모카방탄도 추천한다.

마이노멀 방탄커피

마이노멀의 오리지널 방탄커피.
액상제품이라 먹기 편해, 만들어 먹기
힘든 날 가방에서 쏙 꺼내 먹는다.

**4/ 영원아이스크림 키토바
(버터피칸시나몬맛, 스트로베리 크림맛,
딸기라임바질맛 추천)**

질 좋은 원료로만 만들어 더 추천하는
키토 아이스크림 바. 다양한 맛이 있는데
'버터피칸시나몬맛'은 남편의 원픽,
'스트로베리 크림맛'은 나의 원픽이다.
'딸기라임바질맛'은 정말 고급스러운
나를 위한 선물 같은 느낌으로
영원아이스크림에서만 먹을 수 있다.

**5/ 마이노멀 키토스노우
(바닐라맛, 초콜릿맛, 그린티맛)**

젤라또 스타일의 파인트 아이스크림.
한 스쿱씩 떠 먹으면 이곳이 천국!

6/ 카탈리나 크런치 시리얼 그레이엄 통밀 크래커
와작와작 씹는 느낌이 좋은 저탄수 키토 시리얼. 초코 버전도 있다. 시리얼 중 줄리안 베이커리의 프로 그래놀라 피넛버터맛도 추천한다. 피넛버터맛이 물씬 나는 저탄수 키토 시리얼인데, 요거트에 올려 먹으면 맛있어서 행복해진다.

7/ 댕 푸드 무설탕 코코넛칩
코코넛칩 원물 그대로 말린 제품들 중 특히나 바삭하고 냄새가 안나서 추천.

8/ 줄리안 베이커리 프라이멀 씬 (Primal Thin) 파마산 크래커
저탄수 크래커. 계속 달달한 디저트만 소개했는데, 이건 또다른 매력의 짭짤한 크래커. 씨앗이 박혀 있어 씹는 맛도 좋다.

9/ 카탈리나 크런치 키토 샌드위치 쿠키 초콜릿 바닐라
저탄수 키토 오레오. 민트초코나 바닐라 등 여러 맛이 출시되어 골라 먹는 즐거움이 있다.

10/ 슬림패스트 키토 팻밤 카라멜 넛 클러스터
에너지를 보충해주는 팻밤 속에 쫀득한 카라멜이 들어있다. 일명 키토 자유시간!

11/ 슈루드푸드 다크 초콜릿 키토 디퍼 (무설탕 초코볼)
한때 유행했던 몰티저스 초코볼의 맛을 키토식으로 고스란히 즐길 수 있게 해주는 제품이다.

12/ 키스마이키토 미니 키토쿠키 초코칩 쿠키 맛
한입에 쏙 들어가는 크기의 키토 쿠키. 모두가 좋아하는 초코칩 쿠키, 딱 그 느낌.

Tip 제품 구입하기
1번 키토핏 샵(ketofit-4u.com)
3·5번 마이노멀 샵(mynormal.shop)
4번 네이버 스마트 스토어 영원 아이스크림바
2번, 6~12번 네이버 스마트스토어 키토몰(ketomall)

설탕부터 바꾸세요
마이노멀 키토 알룰로스

설탕대비 칼로리 98% Down! 당류 99% Down!
마이노멀 키토 알룰로스는 가장 각광받는 대체 감미료인
알룰로스, 스테비아, 나한과 3가지 원재료로 꿀 같은 단맛을 재현했습니다.
대체 감미료 특유의 쓴 맛이 적고 설탕과 1:1 비율의 당도를 가지고 있어,
한식 요리부터 디저트, 베이킹까지 폭 넓게 사용하실 수 있습니다.

www.mynormal.shop

KETO LIFESTYLE

My
Normal

키토제닉 솔루션, 키플

KEPLE (키플)은 '키토제닉을 하는 사람들' 이라는 뜻의 합성어로
탄수화물 섭취를 줄이고 건강하게 지방을 섭취하는 라이프스타일 브랜드입니다.
도시락, 베이커리, 식단 등 다양한 음식을 키토제닉으로 즐겁게 건강 관리 할 수 있도록 도와 드립니다.
이번에 새롭게 리뉴얼된 **키토제닉 냉장 밀키트 식단**, '키플 퀴진 월드 투어'는 전 세계를 투어하며
각 지역의 유명한 요리를 선보이는 컨셉으로 매주 5가지의 다양한 요리를 선보입니다.

ketopeople.co.kr/

키플 퀴진 월드 투어
키토제닉 식단 5종 레시피카드

늘 곁에두고 활용하는 소장가치 높은 요리책을 만듭니다

레시피팩토리

레시피팩토리가 추천하는  **건강 요리책**

"당신의 뱃살, 해답은 Low GL에 있습니다"

한국인의 뱃살을 찌우는 영양소 탄수화물,
무조건 줄이는 게 아니라 똑똑하게 먹는 Low GL 다이어트가 필요합니다.

< 뱃살 잡는 Low GL 다이어트 요리책 >

☑ 밥을 바꾸면 뱃살이 빠진다!
Low GL 밥 5가지

☑ 밥을 먹으면서 실천하는
Low GL 달걀밥찜, 쌈밥, 비빔밥, 볶음밥, 덮밥

☑ 색다르게 먹으면서 실천하는
Low GL 면요리, 샐러드, 일품요리

☑ 모든 메뉴에 곁들이기 좋은
저염 국 & 저열량 드레싱

헬시에이징 식재료 & 건강 레시피
< 헬시에이징 식사법 노화 잡는 건강한 편식 >

< 바쁜 당신도 지속 가능한 저탄건지 키토식 >과 **함께 보면 좋은 책**

"대사증후군? 나하고는 관계없는걸?"

우리나라 30세 이상 3명 중 1명은 대사증후군
실천하기 쉽고 지속 가능한 2·1·1 식단으로 관리해야 합니다.

< 대사증후군 잡는 2·1·1 식단 >

쏙쏙 이해되는 이론편

- ☑ 대사증후군의 개념부터 생활 속 관리법
- ☑ Low GL 식사법, 2·1·1 식단이란?

요알못도 따라 하는 쉬운 레시피편

- ☑ 2·1·1을 딱 맞춘 40가지 식단
- ☑ 대사증후군 예방과 관리에 적합한 저염식
- ☑ 구하기 쉬운 재료와 간단한 조리법

> " 새댁인 제가 주방 서랍에
> 보물처럼 넣어놓고,
> 매일매일 꺼내보는 책이랍니다.
> 아이입맛 남편도 너무 잘 먹네요.
> 건강한 밥도 맛있을 수 있습니다."
>
> - 온라인 서점 YES24
> b*******3 독자님 -

바쁜 당신도 지속 가능한
저·탄·건·지 키토식

1판 1쇄 펴낸 날	2021년 6월 24일
1판 2쇄 펴낸 날	2021년 7월 12일

편집장	이소민
레시피 검증	정민(정민쿠킹스튜디오)
디자인	원유경
사진	김덕창(Studio DA 정택·엄승재)
스타일링	김주연(u r today 어시스턴트 박제희)
영업·마케팅	김은하·고서진

고문	조준일
펴낸이	박성주

펴낸곳	(주)레시피팩토리
주소	서울특별시 송파구 올림픽로212 갤러리아팰리스 A동 1224호
독자센터	1544-7051
팩스	02-6969-5100
홈페이지	www.recipefactory.co.kr
애독자 카페	cafe.naver.com/superecipe
출판신고	2009년 1월 28일 제25100-2009-000038호

제작·인쇄	(주)대한프린테크

값 17,600원

ISBN 979-11-85473-86-4

* 인쇄 및 제본에 이상이 있는 책은 구입하신 서점에서 교환해 드립니다.
* 제품 협찬 : 네오플램

⌐ * 소중한 의견을 들려주신 독자기획단

김보경	유샘
김인우	윤서영
김진미	이득희
김혜림	이선영
마서연	정윤하
박화영	최다님
안정연	한순희
안주희	한희
양혜진	Pru Joo